Python 语言程序设计

主编　刘国瑞　张良环　高　萌

北京希望电子出版社
Beijing Hope Electronic Press
www.bhp.com.cn

内 容 简 介

本书由浅入深地对 Python 语言进行了全面的讲解，全书共 11 章，包括 Python 概述、Python 基础、字符串、流程控制、复合数据类型、函数与模块、异常处理、面向对象编程、文件处理、正则表达式、常用第三方库等内容。在讲解理论知识的过程中穿插了大量的实例，可以使读者边学边练，学以致用，快速提升 Python 语言编程能力。

本书结构合理，通俗易懂，既适合作为 Python 程序设计课程的教材，也适合作为社会培训机构的培训用书。

图书在版编目（C I P）数据

Python 语言程序设计 / 刘国瑞，张良环，高萌主编.

北京 ： 北京希望电子出版社，2025. 3. -- ISBN 978-7-83002-916-6

Ⅰ. TP312.8

中国国家版本馆 CIP 数据核字第 20254247DR 号

出版：北京希望电子出版社

地址：北京市海淀区中关村大街 22 号

中科大厦 A 座 10 层

邮编：100190

网址：www.bhp.com.cn

电话：010-82620818（总机）转发行部

010-82626237（邮购）

经销：各地新华书店

封面：袁　野

编辑：付寒冰

校对：石文涛

开本：787 mm × 1 092 mm　1/16

印张：17

字数：403 千字

印刷：北京市密东印刷有限公司

版次：2025 年 4 月 1 版 1 次印刷

定价：62. 80 元

前 言
PREFACE

Python是一种功能强大的计算机编程语言，以其面向对象和跨平台的特性而广受欢迎，成为当今最流行的开发工具和主流编程语言之一。尽管市面上有许多关于Python的书籍，但难易程度差异较大，质量也是参差不齐，尤其是针对职业院校学生使用的教科书，市场上可供选择的并不多。为此，我们组织了从事Python语言教学的一线教师撰写了本书。作者结合其多年的教学工作与实践经验，在内容选择与难易程度上仔细斟酌，力求使本书成为适合课堂教学和自学的读物。尤其对职业院校来说，本书是一本不错的适合中高职贯通培养的教材。

本/书/特/点

- **循序渐进**：对新概念的引入和讲解循序渐进，逐步展开，确保读者能够更加容易理解和掌握这些概念。
- **浅显易懂**：在讲解过程中采用“理论+实操”的方式，通过模仿练习，可以帮助读者加深理解，并在较短的时间内掌握更多的知识。
- **强调练习**：每章的课后作业更加偏向于锻炼读者的动手能力，通过编程与调试的实践增强读者对知识的综合应用能力。

课/时/安/排

全书共11章，每章内容安排如下：

章 节	内 容	理论学习	上机实践
第1章	Python概述	2课时	4课时
第2章	Python基础	2课时	4课时
第3章	字符串	2课时	4课时
第4章	流程控制	2课时	4课时
第5章	复合数据类型	2课时	4课时
第6章	函数与模块	2课时	4课时
第7章	异常处理	2课时	4课时
第8章	面向对象编程	2课时	4课时
第9章	文件处理	2课时	4课时
第10章	正则表达式	2课时	4课时
第11章	常用第三方库	2课时	4课时

第10章 正则表达式

第11章 常用第三方库

前 言
PREFACE

Python是一种功能强大的计算机编程语言，以其面向对象和跨平台的特性而广受欢迎，成为当今最流行的开发工具和主流编程语言之一。尽管市面上有许多关于Python的书籍，但难易程度差异较大，质量也是参差不齐，尤其是针对职业院校学生使用的教科书，市场上可供选择的并不多。为此，我们组织了从事Python语言教学的一线教师撰写了本书。作者结合其多年的教学工作与实践经验，在内容选择与难易程度上仔细斟酌，力求使本书成为适合课堂教学和自学的读物。尤其对职业院校来说，本书是一本不错的适合中高职贯通培养的教材。

本/书/特/点

- **循序渐进：**对新概念的引入和讲解循序渐进，逐步展开，确保读者能够更加容易理解和掌握这些概念。
- **浅显易懂：**在讲解过程中采用“理论+实操”的方式，通过模仿练习，可以帮助读者加深理解，并在较短的时间内掌握更多的知识。
- **强调练习：**每章的课后作业更加偏向于锻炼读者的动手能力，通过编程与调试的实践增强读者对知识的综合应用能力。

课/时/安/排

全书共11章，每章内容安排如下：

章 节	内 容	理论学习	上机实践
第1章	Python概述	2课时	4课时
第2章	Python基础	2课时	4课时
第3章	字符串	2课时	4课时
第4章	流程控制	2课时	4课时
第5章	复合数据类型	2课时	4课时
第6章	函数与模块	2课时	4课时
第7章	异常处理	2课时	4课时
第8章	面向对象编程	2课时	4课时
第9章	文件处理	2课时	4课时
第10章	正则表达式	2课时	4课时
第11章	常用第三方库	2课时	4课时

本书由北京第二外国语学院刘国瑞、饶平县贡天职业技术学校张良环、邢台技师学院高萌担任主编，由饶平县贡天职业技术学校邱浩森担任副主编，具体分工如下：刘国瑞负责编写第一、二、三、四章；张良环负责编写第五、六、七章；高萌负责编写第八、九、十章；邱浩森负责编写第十一章。

在本书的编写过程中，这些老师始终坚持严谨细致的态度，力求精益求精，但书中疏漏之处仍在所难免，恳请读者朋友们批评指正。

编　者

2025年2月

目 录
CONTENTS

第1章 Python概述

第2章 Python基础

第3章 字符串

第4章 流程控制

第5章 复合数据类型

第6章 函数与模块

第7章 异常处理

第8章 面向对象编程

第9章 文件处理

第10章 正则表达式

第11章 常用第三方库

第1章

Python概述

内容概要

Python是目前非常流行的编程语言，已经连续多年占据IEEE Spectrum年度编程语言排行榜榜首位置。它在数据分析、机器学习、Web开发、自动化运维和搜索引擎等领域都有不俗的表现。在如今大数据、人工智能、云计算等新兴技术蓬勃发展的新时代，Python正扮演着越来越重要的角色。对于编程爱好者而言，学习Python语言将是一个很好的选择。

数字资源

【本章源代码】："源代码\第1章"目录下

1.1 Python简介

在学习Python之前，对Python的由来及Python的特点应做些了解。

■1.1.1 认识Python

Python是由荷兰人吉多 · 范罗苏姆（Guido van Rossum）创立的一种面向对象的解释性高级编程语言。1989年圣诞节，待在阿姆斯特丹的吉多 · 范罗苏姆为了打发圣诞节的无趣时光，决定开发一个新的脚本解释程序，作为当时流行的ABC语言的一种继承，Python因此而诞生。关于Python这个名字，据说来自于吉多非常挚爱的电视喜剧《Monty Python's Flying Circus》。Python的第一个公开发行版于1991年发行，从2004年以后，Python的使用率呈线性增长。发展到今天，Python已经成为最受欢迎的编程语言之一。

Python常被称为“胶水语言”，它可以轻松地与其他编程语言（如C/C++等）进行交互，借助相应的库和工具，实现不同语言之间的函数调用和数据传递；可以将不同语言制作的各种模块和组件无缝地连接起来，为应用提供更加丰富的功能和灵活性。

■1.1.2 Python的特点

Python作为一门计算机编程语言，和其他编程语言一样，也有自己的优点和缺点。

1. Python的优点

（1）简单易学

Python是一门语法简单、风格简约的编程语言。它注重的是如何解决问题，而不是编程语言本身的语法结构。阅读一个编写规范的Python程序就像是在读英语一样，能够使你专注于解决问题而不是去搞明白语言本身。

Python非常容易上手，因为Python消减了C、C++、Java中一些较为复杂的语法，降低了编程的难度。相比其他编程语言，在实现相同功能时，Python语言所需的代码量往往是其他编程语言的20%～30%，因而大大提高了开发者的工作效率。

（2）免费、开源

Python是自由及开放源代码软件（free and open source software, FOSS）之一，使用者可以自由地发布这个软件的副本，阅读它的源代码，对它进行修改或者把它的一部分应用于新的软件中，这种扎实的群众基础也是Python变得越来越优秀的原因之一。

（3）面向对象

在软件开发过程中，面向对象的编程方法采用人类在认识客观世界时普遍运用的思维方法，直观、自然地描述客观世界中的事物。这种编程方法更接近于人类的思维模式，编写的程序更易于被理解。

Python语言完全支持面向对象编程，支持继承、封装、重载等面向对象编程语言的核心技术。需要说明的是，Python也支持面向过程的编程方法，这使得它在编程上更加灵活。

（4）跨平台

Python作为一种解释性语言，天生就具有跨平台的特征，只要为平台提供了相应的Python解释器，Python程序就可以在该平台上运行。

另外，Python作为一门开源语言，已被成功移植到许多平台上，如Linux、Windows、macOS等平台。只要避免使用这些平台特有的功能和特性，Python程序无须修改就可以在很多平台上运行。

（5）功能强大

Python拥有丰富的开源库，其中有Python自带的库，如os、sys、re等，也有数量众多的第三方库，如NumPy、Pandas、SciPy等，几乎覆盖了计算机应用的各个领域。大量成熟的第三方库可以直接使用，这样开发人员只需编写少量的代码就可以写出功能强大的应用程序，缩短了开发周期，提高了开发效率。

2. Python的缺点

（1）运行速度慢

运行速度慢是与C和C++相比较而言的。由于Python是解释型语言，Python程序每次运行都需要Python解释器把代码翻译成机器码执行，这个翻译过程比较耗时，因此Python程序运行速度相对较慢。

（2）代码不能加密

Python是解释型的语言，发布Python程序实际上就是发布源代码，因此代码无法加密。这一点与C和C++语言不同，C和C++语言不用发布源代码，而是把编译后的机器码发布出去。要从机器码反推出源代码是比较困难的，因此，凡是编译型的语言都没有这个问题。

（3）独特的语法

这也许不应该被称为缺点，但是它用缩进来区分语句关系的方式还是会给很多初学者带来困惑，即便是很有经验的Python程序员也可能深陷其中。最常见的情况是Tab和空格混用会导致错误。

1.2 Python集成开发环境

集成开发环境（integrated development environment, IDE）是指提供程序开发环境的应用程序，一般包括代码编辑器、编译器、调试器和图形用户界面等工具，是集成了代码编写功能、分析功能、编译功能、调试功能等一体化的开发软件服务套件。Python常用的IDE有IDEL和PyCharm两种。

■1.2.1 集成开发环境IDEL

IDLE是Python标准发行版内置的一个简单小巧的集成开发环境，安装Python后，IDLE也已自动安装完毕。IDLE集成了编辑器、解释器、调试器等常用组件，足以应付大多数简单应用程序的开发。IDLE是用Python编写的，最初的作者正是吉多•范罗苏姆，它是非商业Python开发或初学者学习Python的最佳选择之一。

1. 启动 IDLE

在“开始”菜单中找到并单击“IDLE（Python 3.10 64-bit）”菜单项，启动IDLE，出现如图1-1所示的IDLE Shell窗口。

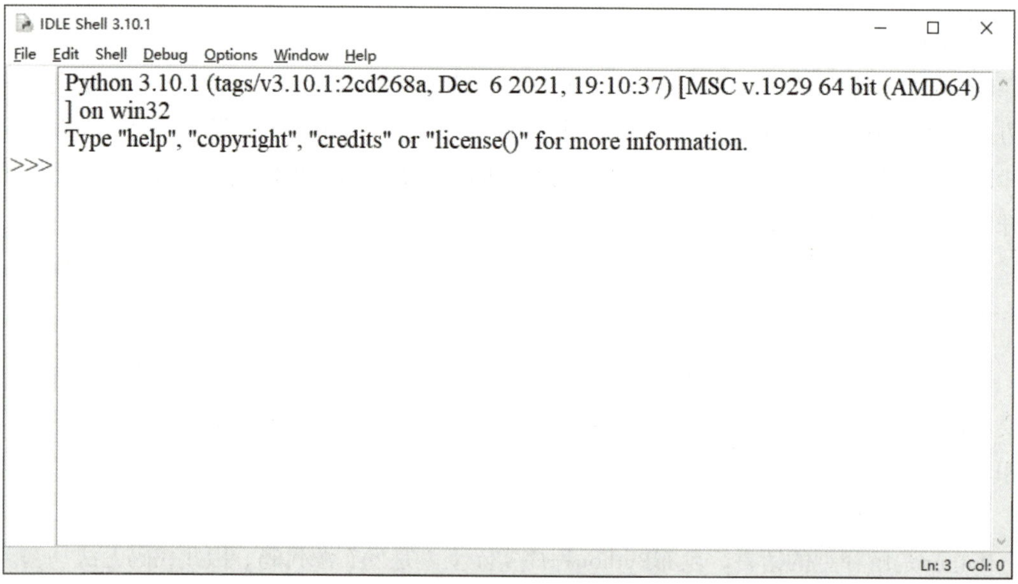

图 1-1 IDLE Shell 窗口

IDLE Shell是一个交互式的Python解释器，允许用户在窗口中编写和执行Python代码。用户可以直接在IDLE提示符“>>>”后面输入相应的命令，按Enter键，解释器即可执行命令，并在窗口中显示命令执行的结果。

【例1-1】计算100+200。

```
>>> 100+200
300
```

【例1-2】求2的平方根。

```
>>> import math
>>> math.sqrt(2)
1.4142135623730951
```

【例1-3】输出“Hello World!”。

```
>>> print("Hello World!")
Hello World!
```

2. 创建 Python程序

除了在交互式解释器中直接输入并执行Python程序之外，开发人员还可以利用IDLE提供的编辑器编写Python程序，并把程序保存为Python脚本文件，之后再使用Python命令执行脚本文件。具体操作步骤如下：

在IDLE Shell窗口中，选择“File”→“New File”菜单项启动IDLE的编辑器，然后在编辑器中编写程序，如图1-2所示。

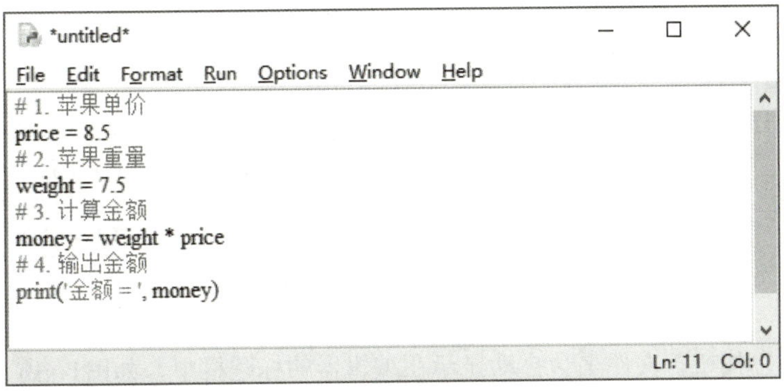

图 1-2 IDEL 编辑器

在使用IDLE编辑器的过程中，可以发现编辑器拥有以下特性。

（1）语法高亮显示

所谓语法高亮显示，就是代码中的不同元素使用不同的颜色显示。默认状态下，关键字显示为橘红色，注释显示为红色，字符串为绿色，解释器的输出显示为蓝色。在输入代码时，编辑器会自动应用这些颜色突出显示不同的语法元素。

语法高亮显示的好处是更容易区分不同的语法元素，提高代码的可读性；与此同时，语法高亮显示还降低了出错的概率。

（2）自动缩进

Python有严格的缩进要求，当输入与控制结构对应的关键字（如if等）或者输入与函数定义对应的关键字（如def等）并按Enter键后，编辑器会自动缩进。缩进的长度可以通过选择“Format”→“New Indent Width”菜单项进行修改，默认值为4。

（3）单词自动完成功能

这是初学者比较喜欢的功能。例如，对于一个函数名称，只需要输入前几个字母，就可以使用【Alt+\】组合键（或“Edit”→“Expand Word”菜单项）自动完成。

IDLE编辑器为开发人员提供了许多实用的功能，利用这些功能，开发人员可以高效地编写Python代码。

3. 保存Python程序

在编辑器中完成程序的编写后，需要保存程序，可选择“File”→“Save”菜单项进行保存操作。如果要保存的是一个新文件，则系统会弹出“另存为”对话框，可以在对话框中指定文件名和保存位置，务必保证文件保存类型为“Python files（*.py;*.pyw）”，如图1-3所示。

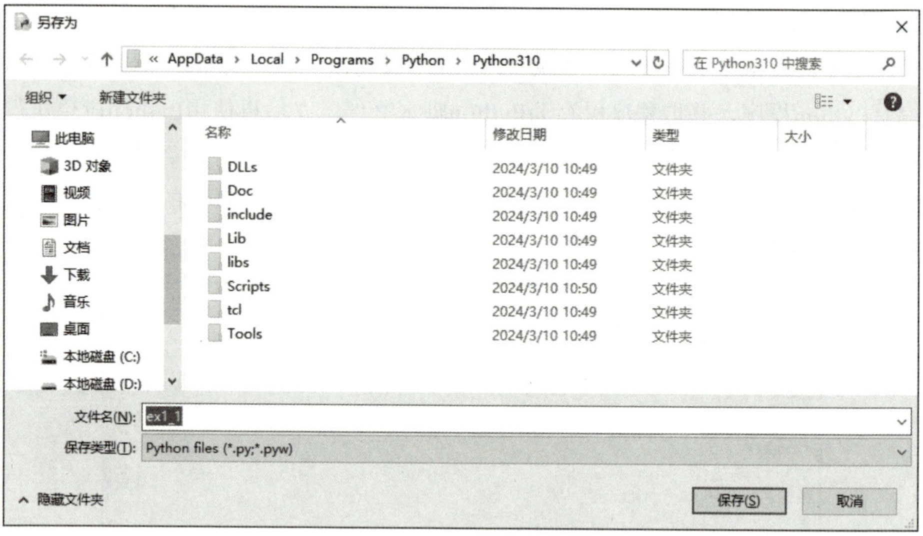

图 1-3 “另存为”对话框

单击“保存”按钮，文件名会自动显示在编辑器的标题栏中，如图1-4所示。如果文件中存在尚未保存的内容，标题栏的文件名前会有星号出现。

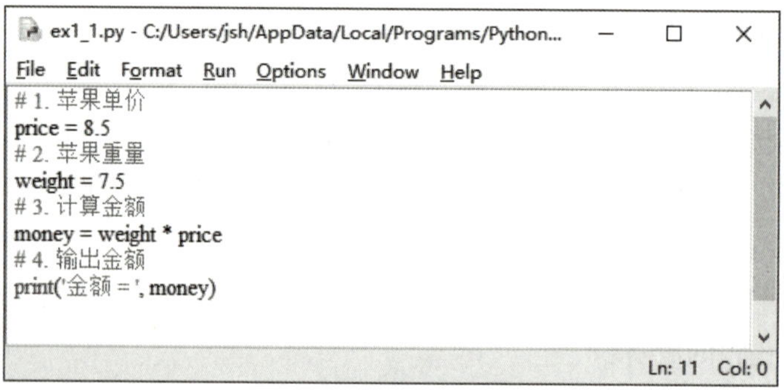

图 1-4 文件保存成功

4. 运行Python程序

选择“Run”→“Run Module”菜单项，系统会自动切换到IDLE Shell窗口，执行当前程序ex1_1.py，在窗口中可显示程序执行结果，如图1-5所示。

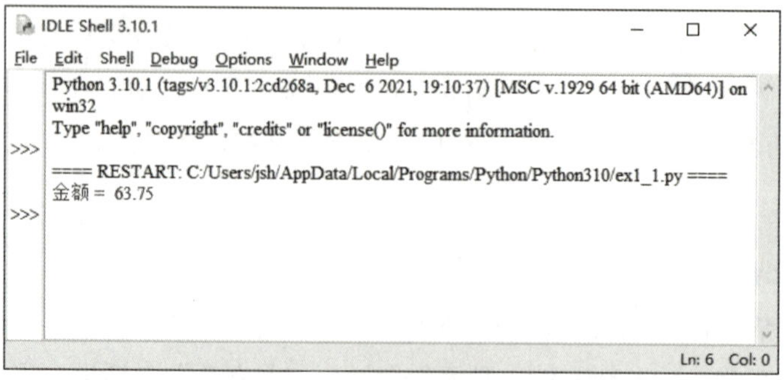

图 1-5 ex1_1.py 程序执行结果

5. 调试Python程序

在程序开发过程中总会遇到这样或那样的错误，如语法错误、业务逻辑错误等。对于语法错误，Python解释器可以很容易地检测出来，并及时给出错误提示信息。对于逻辑错误，解释器就无能为力了。逻辑错误主要表现为：程序执行没有问题，但执行结果错误，遇到这种错误需要对程序进行调试。

最简单的程序调试方法是直接显示程序运行过程中产生的数据，例如，在某些关键位置用print语句显示关键变量的值，并根据变量的值确定程序运行到该位置时是否存在逻辑错误。但是，这个办法实施起来比较消耗时间，因为开发人员必须在很多地方插入print语句，等到程序调试结束后，还需要将这些print语句全部清除。

除了上述方法之外，开发人员还可以使用调试器进行程序调试。利用调试器可以分析被调试程序的数据，并监视程序的执行流程。调试器的功能包括暂停程序执行、检查和修改变量及调用方法而不更改程序代码等。IDLE也提供了一个调试器，以帮助开发人员查找程序的逻辑错误。

在IDLE Shell窗口中选择“Debug”→“Debugger”菜单项，启动如图1-6所示的IDLE交互式调试器。

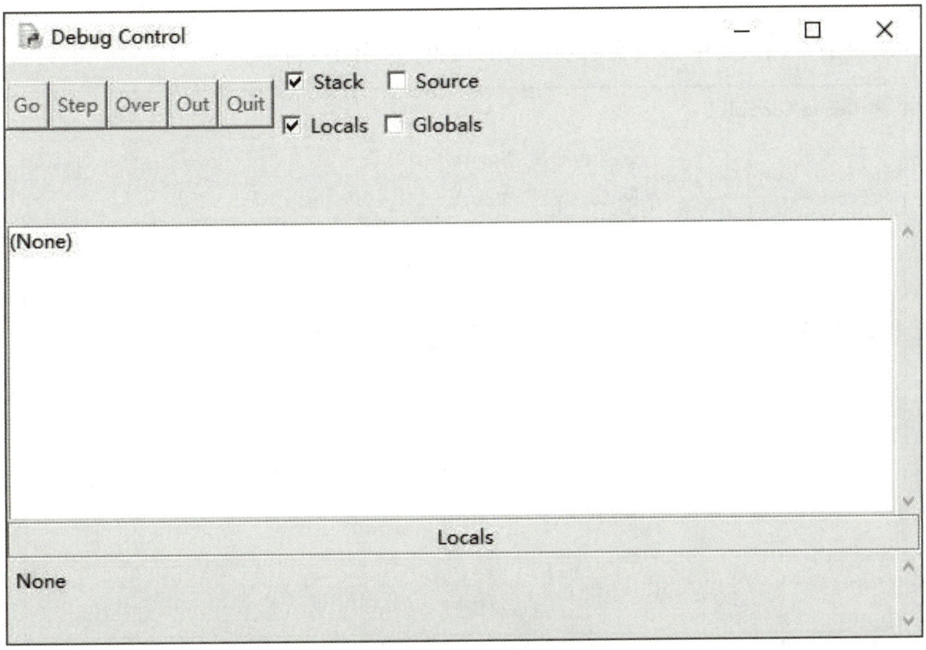

图 1-6 IDLE 交互式调试器

打开调试器后，IDLE Shell窗口也会发生改变，在IDLE Shell窗口中会输出[DEBUG ON]，并在下一行显示>>>提示符，如图1-7所示。

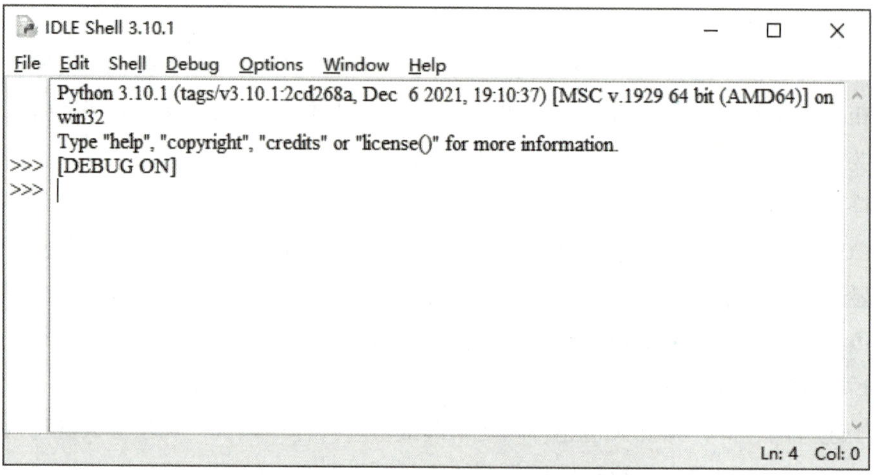

图 1-7 处于调试状态下的 IDLE Shell 窗口

可以像以前一样使用这个窗口，只不过此时输入的任何命令都允许出现在调试器中。在调试器窗口可以查看局部变量和全局变量等有关内容。例如，在窗口中输入如下代码：

```
age = int(input('请输入年龄的值：'))
```

按Enter键后，调试器中会出现刚刚输入的代码，如图1-8所示。

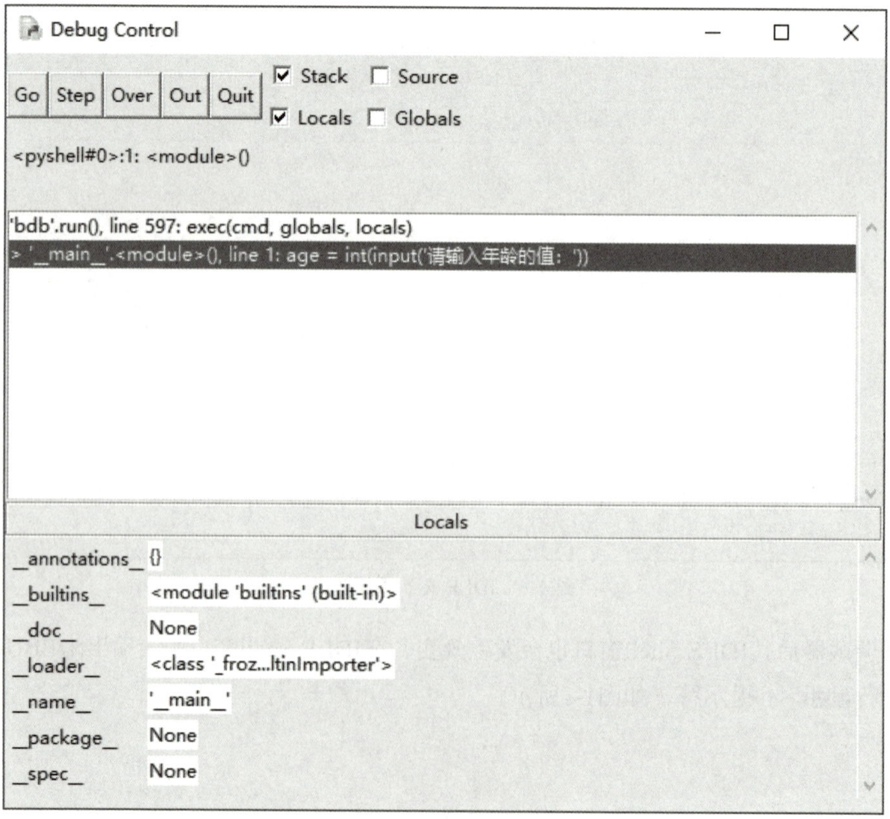

图 1-8 调试器的变化

单击“Go”按钮，在IDLE Shell窗口会出现输入age的提示信息“请输入年龄的值：”，如图1-9所示。

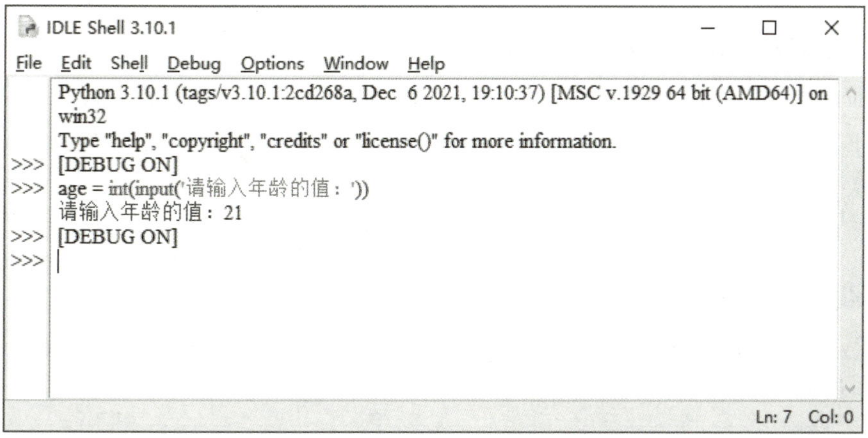

图 1-9 单击“Go”按钮后的调试器

在该窗口中输入变量age的值，然后按Enter键，再观察调试器中的变化，可以发现调试器中出现了变量age的值，如图1-10所示。

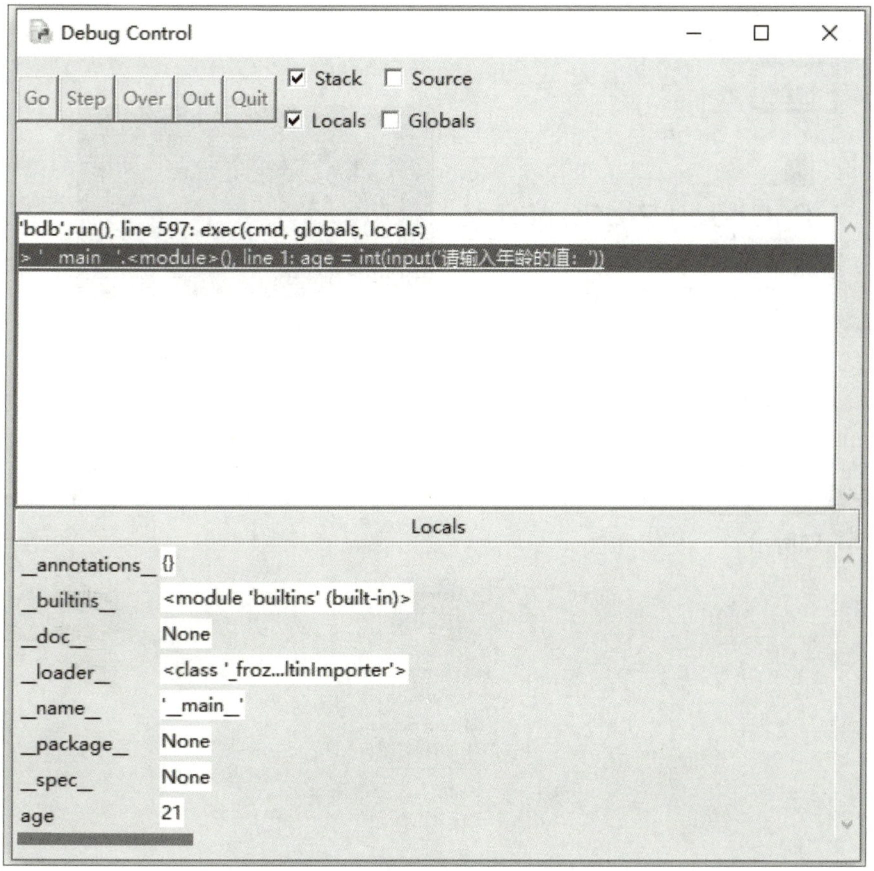

图 1-10 调试器中显示变量 age 的值

调试结束后，在IDLE Shell窗口中，再次选择“Debug”→“Debugger”菜单项，即可关闭调试器，IDLE Shell窗口重新回到默认状态。

■1.2.2　集成开发环境PyCharm

PyCharm也是目前使用比较多的Python集成开发环境，它带有一整套可以帮助用户提高开发效率的工具，如调试、语法高亮、代码跳转、智能提示、单元测试、版本控制等。PyCharm的功能非常强大，但缺点是专业版只有30天的免费使用期。

下面简单介绍PyCharm的下载、安装和使用方法。

1. 下载PyCharm

打开PyCharm的官方网站，选择Windows操作系统，然后单击“Download”按钮下载PyCharm专业版，如图1-11所示。

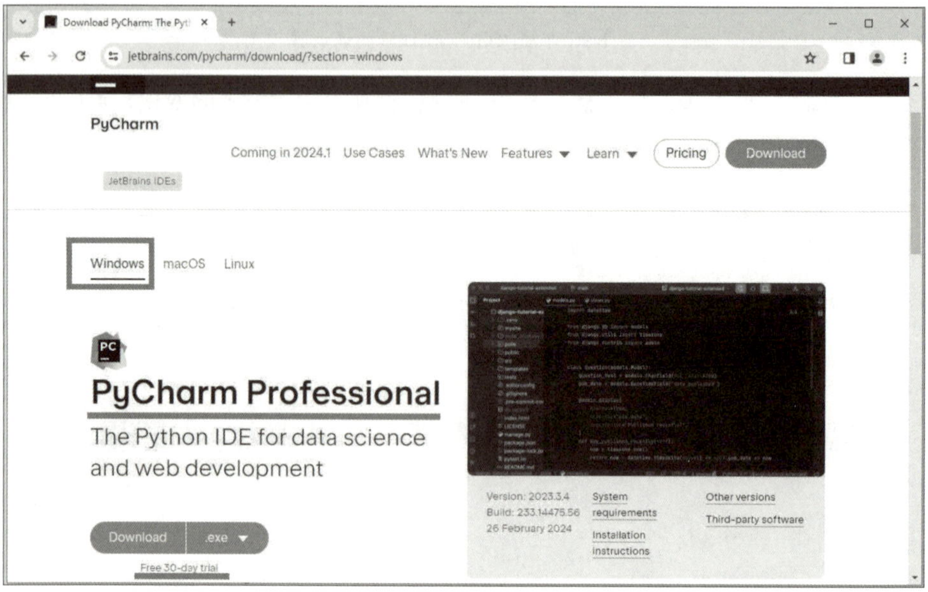

图 1-11　选择操作系统

下载完成后，在下载目录里出现一个名称为“pycharm-professional-2023.3.4.exe”的安装文件，如图1-12所示。

图 1-12　PyCharm 安装文件

2. 安装 PyCharm

步骤 01 双击PyCharm安装文件，进入安装界面，如图1-13所示。

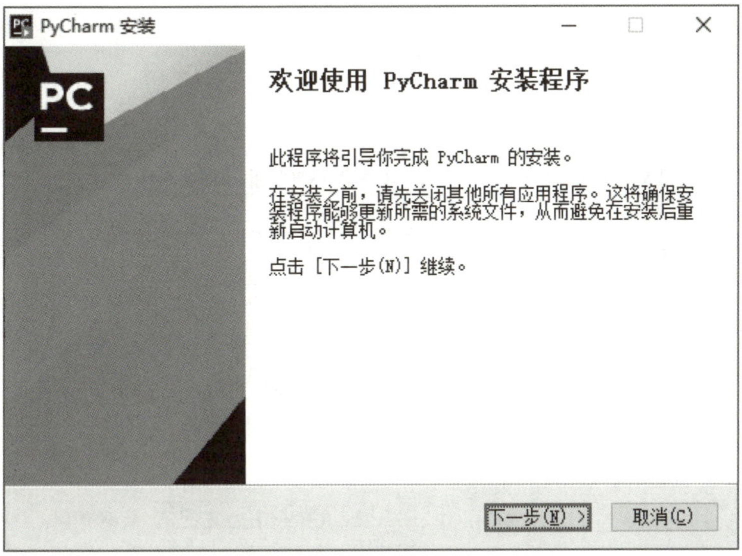

图 1-13 开始安装 PyCharm

步骤 02 单击“下一步”按钮，选择安装位置，如图1-14所示。

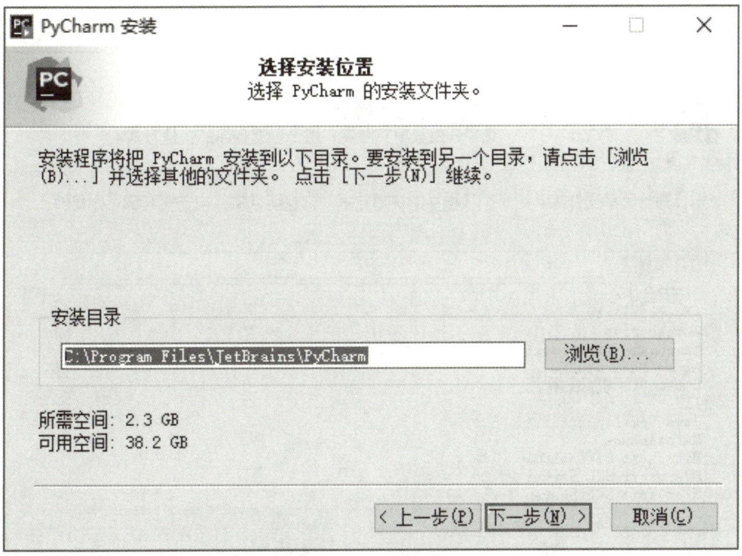

图 1-14 选择安装位置

步骤03 单击“下一步”按钮，出现如图1-15所示的安装选项配置界面，为了方便以后的使用，可以根据需要勾选其中的若干项，在这里选择了其中的3项。

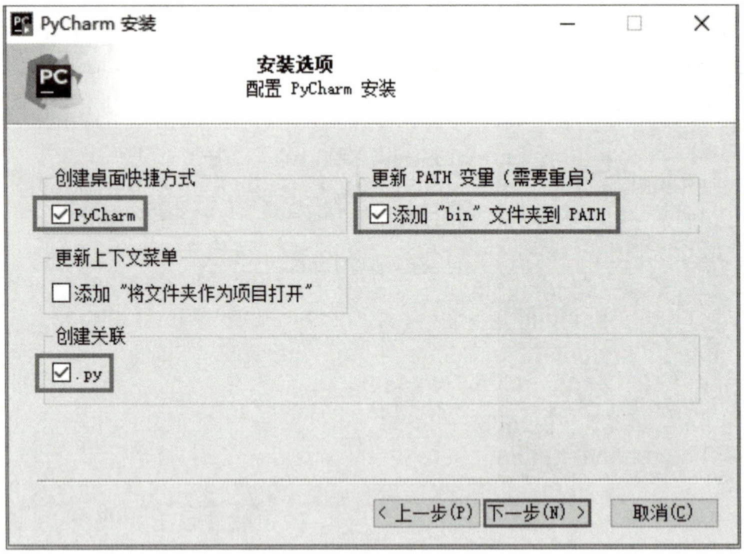

图 1-15 选择安装配置选项

步骤04 单击“下一步”按钮，在开始菜单中创建程序的快捷方式，默认命名即可，如图1-16所示。

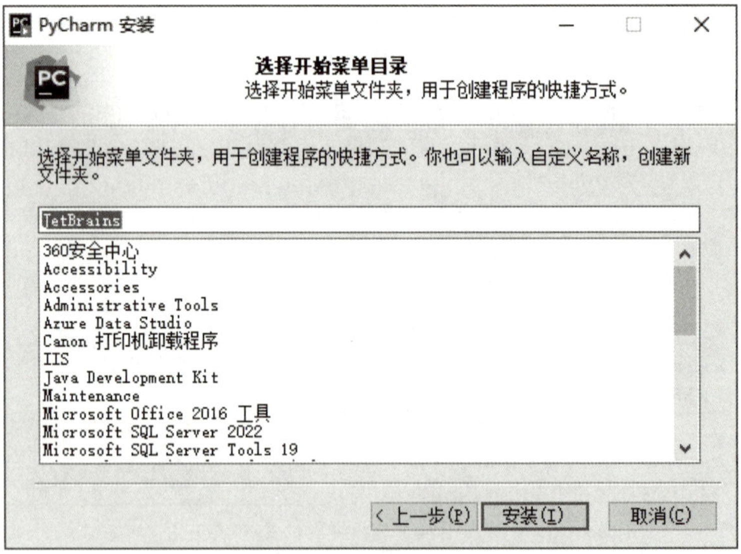

图 1-16 在开始菜单项中创建快捷方式

步骤 05 单击“安装”按钮，首先解压文件，然后开始安装，如图1-17所示。

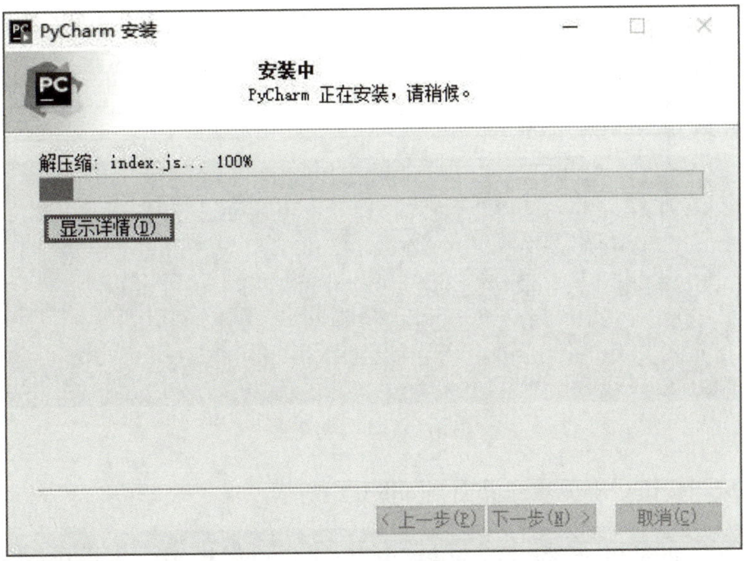

图 1-17 PyCharm 的安装过程

步骤 06 安装程序执行结束后，出现如图1-18所示的窗口。

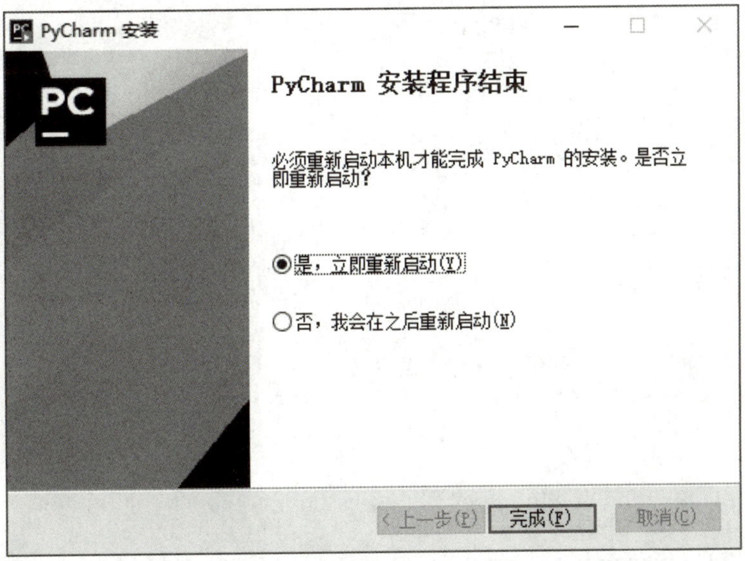

图 1-18 安装程序结束窗口

在窗口中，首先选中“是，立即重新启动（Y）”单选按钮，然后单击“完成”按钮，重新启动计算机，PyCharm安装过程此时才真正结束。

3. 启动PyCharm

步骤01 双击计算机桌面上的PyCharm快捷方式，启动PyCharm。第1次启动会有两个导入包的设置项，这里选择默认的第2个，如图1-19所示。

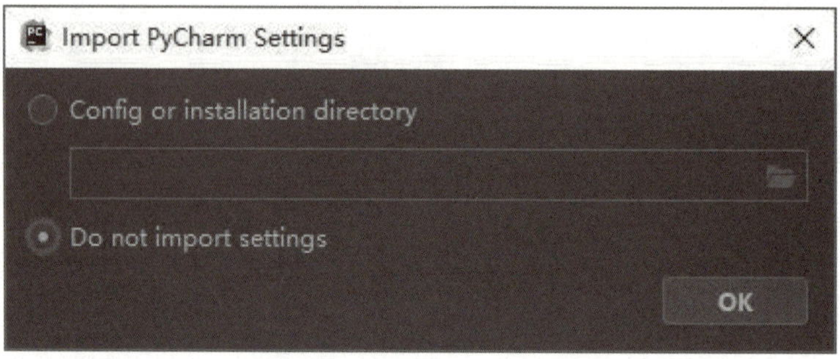

图 1-19　导入包设置

步骤02 单击“OK”按钮后出现欢迎界面，如图1-20所示。

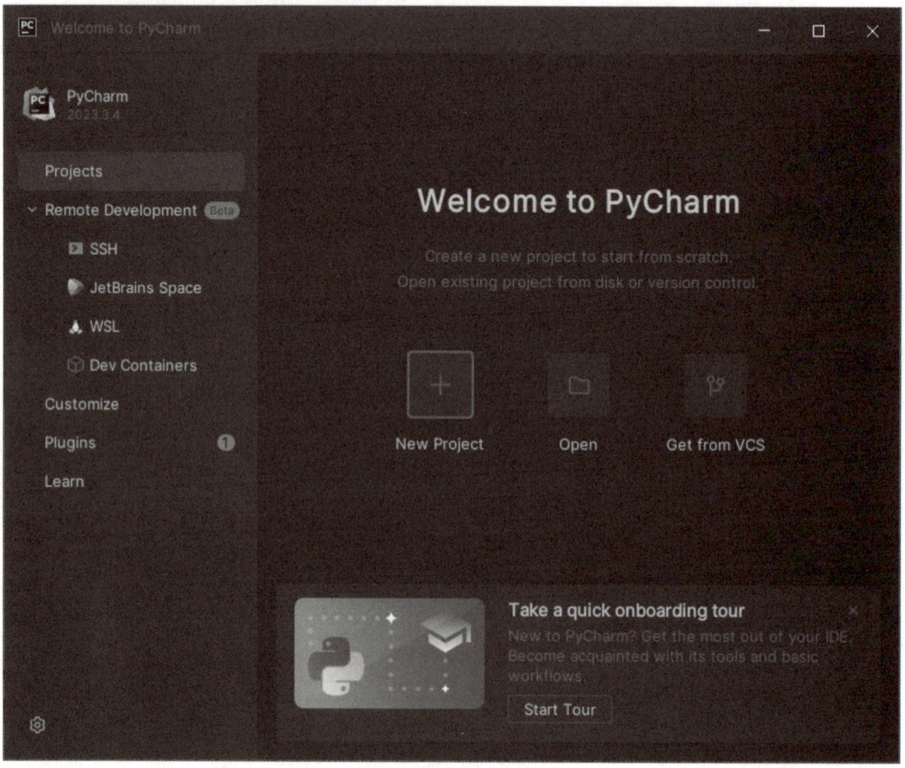

图 1-20　欢迎界面

4. 使用PyCharm

PyCharm的功能有很多，使用起来比IDEL复杂，下面简单介绍PyCharm的使用。注意：本书的大部分例子都是在IDEL中运行调试的。

（1）新建项目

单击图1-20中的“New Project”选项，弹出如图1-21所示的新建项目窗口，在窗口左侧的项目类型列表中选择“Pure Python”选项，在窗口的右侧区域中可以修改项目名称（Name）、项目存放位置（Location）、选择Python版本（Python version），在这里选择的是已经安装好的Python 3.10版本。

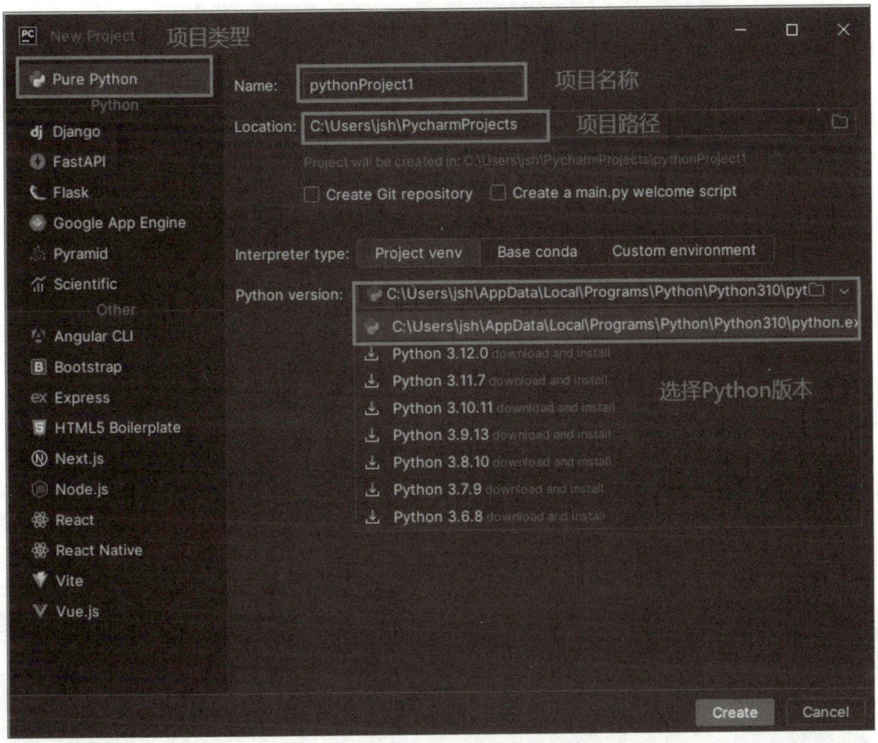

图 1-21　新建项目

修改完成后，单击“Create”按钮，系统开始配置环境和创建项目。最终创建好的项目界面如图1-22所示。

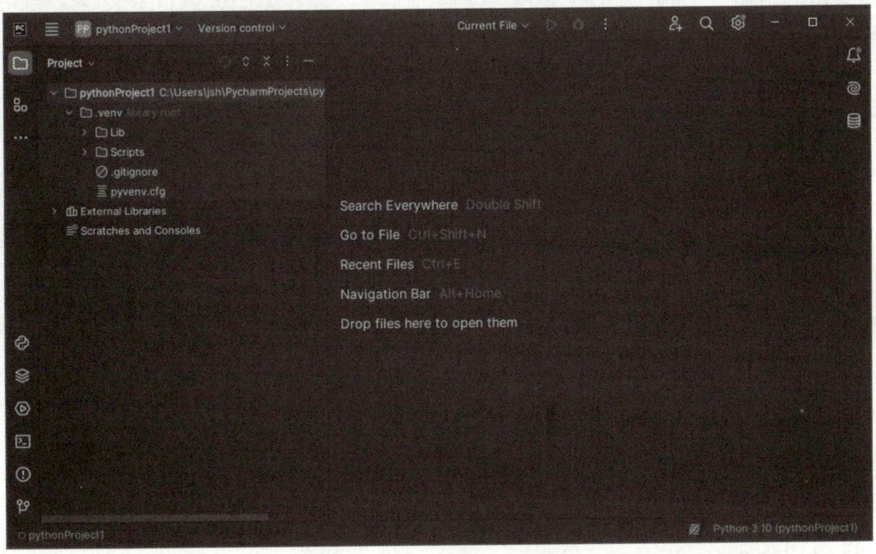

图 1-22　创建好的项目界面

（2）创建Python文件

右键单击新建的项目，选择“New”→“Python File”菜单项，输入文件名“ex1-2.py”，如图1-23所示。按Enter键后，系统会自动创建文件，并在右边的编辑区打开该文件。

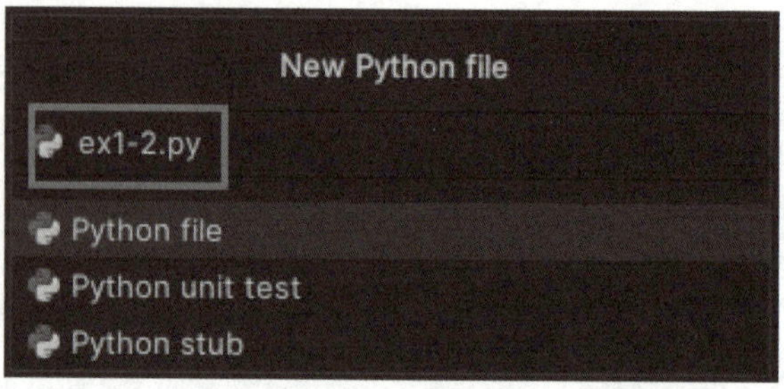

图 1-23　输入文件名称

在右侧的编辑区中输入如下代码：

```
x = 10
y = 20
print(x + y)
```

按【Ctrl+S】组合键进行保存操作，这样就创建好了第1个Python文件，结果如图1-24所示。

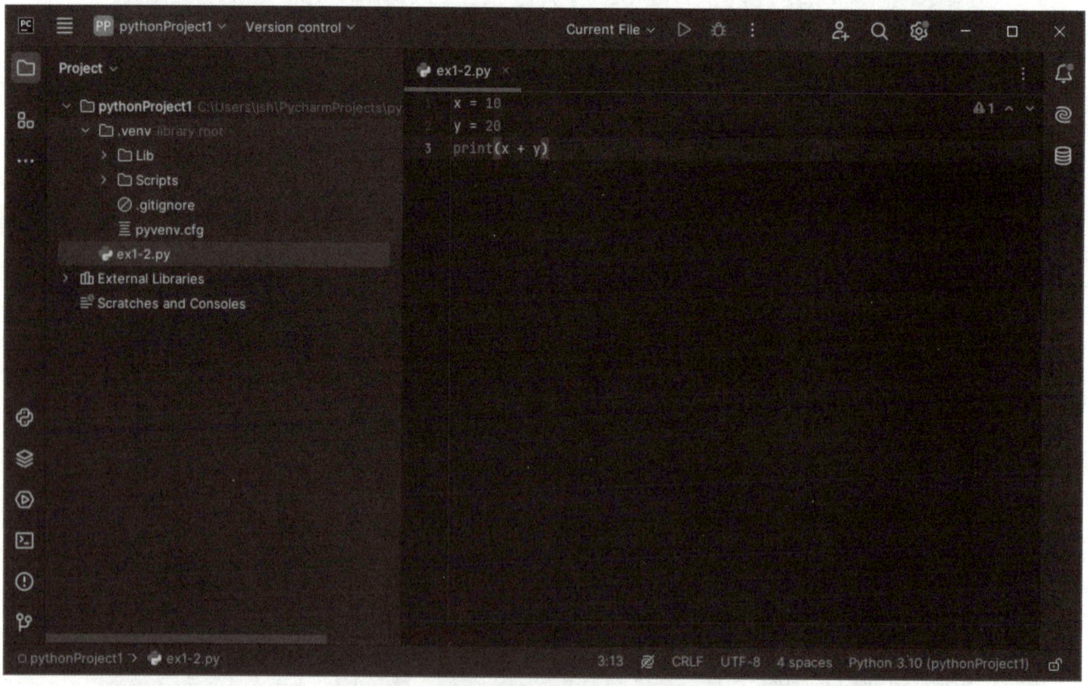

图 1-24　创建好的 Python 文件

（3）执行 Python文件

单击编辑区上方的运行按钮▶，运行当前文件ex1-2.py，此时会出现一个控制台，输出程序执行结果，如图1-25所示。

图 1-25 程序执行结果

1.3 Python编程规范

在使用IDLE和PyCharm等IDE进行Python编程时可以设置自己喜欢的代码风格，但是任何一种程序语言都有其编程规范，Python也不例外。

1. 缩进规范

Python对代码的缩进要求非常严格，一般以4个空格作为缩进，同一级别代码块的缩进量必须一样，否则解释器会报错。缩进可以使用空格或者Tab键来实现，建议使用空格。

例如：

```
price = 3
weight = 5
money = price * weight
if money > 10:
    print('金额大于10')
```

常用的IDE（如IDLE、PyCharm等）都有自动缩进机制，如例中第4行在输入“:”号后，按Enter键会自动缩进。

2. 大小写敏感

Python对程序中字母的大小写是敏感的，也就是说，Python中是区分字母大小写的。例如，在输入关键字if时，如果输成了IF，就会出现语法错误；在定义变量时，变量xy和Xy指的是两个不同的变量。

例如：

```
xy = 10
Xy = 20
print(xy + Xy)
```

3. 注释

为程序添加注释是一个良好的编程习惯，有利于提高程序的可读性和可维护性。Python支持单行注释、多行注释和中文编码声明注释。

（1）单行注释

Python使用井号“# ”作为单行注释的符号。单行注释可以作为单独的一行放在被注释代码行的上方，也可以放在被注释语句的后面。

【例1-4】单行注释作为单独的一行。

代码如下：

```
score = 66
# 如果成绩大于60 打印'及格', 否则打印'不及格'
if score >= 60:
  print('及格')
else:
  print('不及格')
```

为了提高代码的可读性，建议在“ #”后面添加一个空格，再写注释内容。

【例1-5】单行注释放在语句之后。

```
pi = 3.14  # 圆周率
r = 5     # 半径
area = pi * r * r
```

当单行注释放在语句之后时，为了提高代码的可读性，建议在注释和语句之间至少要有两个空格。

（2）多行注释

多行注释指的是一次性注释程序中的多行内容，Python使用3个单引号'''或者3个连续的双引号""""表示多行注释。

【例1-6】使用3个单引号的多行注释。

```
'''
文件名：ex1-5.py
创建时间：2024-03-30
创建人：JSH
用途：用于介绍多行注释
'''
```

【例1-7】使用3个双引号的多行注释。

```
"""
文件名：ex1-5.py
创建时间：2024-03-30
创建人：JSH
```

```
用途：用于介绍多行注释
"""
```

（3）中文编码声明注释

Python还提供了一种特殊的中文编码声明注释，用来解决Python 2.x中不支持直接写中文的问题。虽然该问题在Python 3.x中已经不存在，但为了方便其他程序员了解文件所使用的编码，建议在文件开始位置加上中文编码声明注释。添加中文编码声明注释的语法格式如下：

```
# -*- coding: utf-8 -*-
```

【例1-8】在文件开始位置添加中文编码声明注释。

```
# -*- coding: utf-8 -*-  #设置文件的编码规则为utf-8
pi = 3.14
r = 5
```

课后作业

练习1：在Python官方网站上下载Python 3.10.1，并正确安装。

练习2：在PyCharm官方网站上下载PyCharm专业版，并正确安装，创建项目和Python文件，然后运行该文件。

第2章

Python基础

内容概要

要掌握一门编程语言，首先要了解该语言的基本语法。本章将介绍Python语言的关键字与标识符、变量、数据类型、运算符和表达式、基本输入和输出等内容。

数字资源

【本章源代码】：“源代码\第2章”目录下

2.1 关键字与标识符

■2.1.1 关键字

Python语言中定义了一些具有特定含义的词汇，这些词汇统称为关键字。关键字都具有特定的含义并且只能用在特定的地方。可以使用以下命令查看Python语言中的所有关键字。

```
>>> import keyword
>>> keyword.kwlist
```

运行结果如图2-1所示。

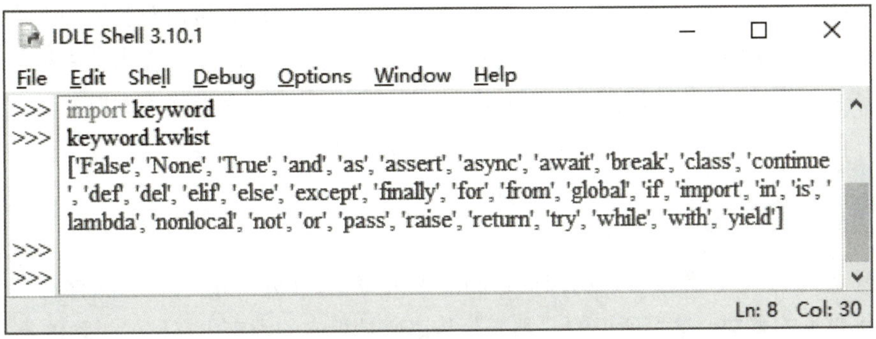

图 2-1　查看 Python 的关键字

需要注意的是，Python语言中的关键字是严格区分大小写的。例如，while是关键字，但While不是关键字。

■2.1.2 标识符

Python语言中的变量名、函数名、类名、对象名、模块名等统称为标识符。为了提高程序的可读性，在定义标识符时，要尽可能遵循“见其名知其意”的原则。

Python的标识符可以包含英文字母（A-Z、a-z）、数字（0~9）和下画线（_），但有以下几个方面的限制。

- 标识符的首字符必须是字母表中的字母或下画线，标识符的其他部分可以由字母、数字和下画线构成。

```
Name_1 # 合法的标识符
3name  # 非法的标识符，标识符不能用数字开头
N ame # 非法的标识符，标识符中间不能有空格
roo@m # 非法的标识符，@符号不能作为标识符的组成部分
```

- Python的标识符严格区分大小写，例如，Data与data是不同的标识符。
- 在Python 3.x中，非ASCII标识符也被允许使用，如可以用中文作为变量名。

```
姓名  #合法的标识符
性别  #合法的标识符
```

- 标识符不能是关键字。

```
for    #非法的标识符，for 是关键字
while  #非法的标识符，while 是关键字
```

2.2 变量

变量是指程序运行过程中可以改变的量。在Python中，可以直接声明变量的名称，不必声明变量的类型，但要求每个变量在使用前必须赋值，变量赋值以后才会在内存中被创建。变量赋值使用等号运算符（=），等号左边是变量名，等号右边是存储在变量中的值。

例如，创建一个整型变量x，并为其赋值100，可以使用如下语句：

```
>>> x = 100
```

在为变量x赋值时，并没有声明该变量的类型为整型，Python解释器会根据为变量所赋的值自动判断变量的类型。这里所说的“类型”是该变量指向的内存中存储的对象的类型。

Python采用基于值的内存管理方式，如果为不同的变量赋予相同的值，这个值在内存里只有一份，多个变量会指向同一个内存地址，例如：

```
>>>a = 10
>>>b = 10
>>>id(a)
1620926726672
>>>id(b)
1620926726672
```

上述代码中的内置函数id()用来返回变量指向的内存地址。可以发现，变量a和变量b指向相同的内存地址。

Python也允许用户同时为多个变量赋相同的值。例如：

```
>>>a = b = c = 100
>>>id(a)
1620926729552
>>>id(b)
1620926729552
>>>id(c)
1620926729552
```

可以发现，变量a、b、c指向相同的内存地址。

Python也允许同时为多个变量指定不同的值，例如：

```
>>>a, b, c = 100, 200, "春花秋月何时了"
>>>id(a)
1620926729552
>>>id(b)
1620926732752
>>>id(c)
1620961894896
```

整数100和200分别赋值给变量a和b，字符串“春花秋月何时了”赋值给变量c，由于a、b、c这3个变量的值都不一样，因此变量分别指向不同的内存地址。

Python还允许变量之间相互赋值，例如：

```
>>>name1 = "张三"
>>>name2 = name1
```

另外，Python语言是一种动态类型语言，变量的类型可以随时变化，例如：

```
x = 100    # 整数
x= "ABC"  # 字符串
x= 12.33  #浮点数
```

可以发现，同一个变量可以被反复赋值，而且可以是不同类型的值，在这一点上，Python和C++、Java等编程语言有很大区别。

2.3 数据类型

Python 3有6种基本数据类型，分别为数字、字符串、列表、元组、集合和字典。本节将重点介绍数字和字符串两种数据类型。

2.3.1 数字

在Python中，数字类型包括int（整数类型）、float（浮点数类型）、bool（布尔类型）和complex（复数类型）4种类型。

1. 整数

整数类型简称整型。整数包括正整数、负整数和0，如123、-100、999、0等。按照进制的不同，整数还可以划分为十进制、二进制（以“0B”或“0b”开头）、八进制（以“0o”或“0O”开头）和十六进制（以“0X”或“0x”开头）整数，具体示例如下：

```
527    # 十进制整数
0b1011 # 二进制整数
0o752  # 八进制整数
0x8A   # 十六进制整数
```

2. 浮点数

浮点数也称小数，由整数部分和小数部分构成，如99.5、0.33、-1.667、3.141 592 6等。浮点数也可以使用科学记数法表示，如2.78e2、-0.12e3、3.14e5等。

3. 布尔类型

在Python中，布尔类型的值只有True和False两个，分别表示“真”和“假”。在Python 3.x中，布尔值是作为整数的子类实现的，布尔值可以转化为数值，True的值为1，False的值为0。

True和False也可以参与数值计算，下面的代码及执行结果可以证明这一点。

```
>>>True == 1
True
>>>False == 0
True
>>>True + 10
11
>>>True - 10
-9
>>>False + 10
10
```

Python中的每一个对象天生都具有布尔值，以下对象的布尔值都是False。

- 为零的数字，如0、0.0等。
- 空字符串。
- 空值None。
- 空集合，如空元组、空序列、空字典等。

除了上述对象之外，其他对象的布尔值都是True。例如，非零的数字（如1、2、-1、-2、0.22、-0.99等）的布尔值都是True。

```
>>>bool(1)
True
>>>bool(2)
True
>>>bool(-2)
```

```
True
>>>bool(-0.99)
True
```

4. 复数

复数由实数（real）部分与虚数（imag）部分构成，表示形式为a + bj，其中，a是实数部分，b是虚数部分，它们都是浮点数，具体示例如下：

```
1.5 + 0.5j
1.2j
2 + 3.14e3j
3.1e-3j
```

2.3.2 字符串

字符串是Python中最常用的一种数据类型，可以使用引号来创建字符串。

1. 标识字符串

可以使用单引号（' '）、双引号（" "）和三引号（''' '''或""" """）来标识字符串。其中，单引号和双引号的字符序列必须在同一行上，而三引号内的字符序列可以发布在连续的多行上，可用于表示格式比较复杂的字符串。具体示例如下：

```
'Hello World!'      #使用单引号
"教育改变生活"      #使用双引号
#使用三引号
'''
Hello World!
Python Programming
'''
```

2. 转义符

Python中的转义符以反斜杠“\”为前缀，转义符存在的意义就是为了避免字符出现二义性。

下面将通过一个简单的例子说明转义符的作用。根据前面所学内容可知，单引号既可以作为标识字符串的符号，也可以作为普通的单引号使用。

假设用单引号标识一个字符串时，如果该字符串中又包含了另外一个单引号，如字符串'let's go!'，那么Python将无法识别该字符串从何处开始，又在何处结束。程序执行时会出错，示例代码如下：

```
>>> 'let's go'          #单引号标识的字符串中含有单引号
```

```
SyntaxError: invalid syntax #错误提示信息
```

要消除单引号的这种二义性，就需要使用转义符，使单词let后面的单引号成为纯粹的单引号，不再具备其他的作用。示例代码如下：

```
>>> 'let\'s go'   #使用转义符\' 转义 let 后面的单引号，使其成为纯粹的单引号
"let's go "
```

另外，还有一些无法打印的控制字符，如回车、换行、退格等，在使用时也需要使用转义字符。示例代码如下：

```
>>>print('Hello \n Python!' )    #使用转义符 \n实现换行功能
Hello
Python!
>>> print('Hello,\tPython!')    #使用转义字符 \t 输出横向制表符
Hello,    Python!
>>> print('c:\\Python\\example') #使用转义字符 \\ 转义一个反斜杠
c:\Python\example
```

当字符串需要包含特殊符号时，往往需要使用转义符来解决。Python中常用的转义符如表2-1所示。

表 2-1　常用转义符

转义符	含　义	转义符	含　义
\n	换行符	\r	回车
\t	制表符	\\	一个反斜杠
\'	单引号	\"	双引号

■2.3.3　类型转换

在应用程序开发过程中，经常需要对不同类型的数据进行转换。Python数据类型转换可以分为隐式类型转换和显式类型转换两种。

1. 隐式类型转换

在隐式类型转换中，Python会自动将一种数据类型转换为另一种数据类型，不需要开发人员去干预。

在下面的示例代码中，将对两种不同类型的数据进行运算，较低数据类型（整数）就会自动转换为较高数据类型（浮点数），以避免数据丢失。

```
num_int = 123
```

```
num_flo = 1.23
num_new = num_int + num_flo
print("num_int 数据类型为:",type(num_int))
print("num_flo 数据类型为:",type(num_flo))
print("num_new 值为:",num_new)
print("num_new 数据类型为:",type(num_new))
```

以上示例代码的输出结果为：

```
num_int 数据类型为: <class 'int'>
num_flo 数据类型为: <class 'float'>
num_new: 值为: 124.23
num_new 数据类型为: <class 'float'>
```

在输出结果中可以看到：num_int的数据类型是int，num_flo的数据类型是float，新的变量num_new的数据类型是float，这是因为Python会自动将较低的数据类型转换为较高的数据类型，以避免数据丢失。

注意事项 “较高数据类型”和“较低数据类型”是在隐式类型转换中用于描述数据精度的概念。精度可以理解为数据类型能够表示的信息量或详细程度。在Python中，数据类型的“高”和“低”主要根据它们的精度来判断。

2. 显式类型转换

在显式类型转换中，往往需要使用类型转换函数，Python中常用的数据类型转换函数如表2-2所示。

表 2-2 常用的数据类型转换函数

函　数	作　用
int(x)	将 x 转换为整数类型
float(x)	将 x 转换为浮点数
str(x)	将 x 转换为字符串
chr(x)	将 x 转换为一个字符
ord(x)	将字符 x 转换为对应的ASCII数值
bin(x)	将 x 转化为二进制数
oct(x)	将 x 转化为八进制数
hex(x)	将 x 转化为十六进制数

为了加深读者对数据类型转换函数的理解，下面通过具体的示例来演示这些函数的使用方法，示例代码和输出结果如下：

```
>>> x = 100
>>> s = 'zzuli'
>>> str(x)    # 把 x 转换为字符串
'100'
>>> oct(x)    # 把 x 转换为八进制数
'0o144'
>>> float(x)    # 把 x 转换为浮点数
100.0
>>> char(65)    # 返回 ASCII 值 65 对应的字符
'A'
>>> ord('A')    # 返回字符 'A' 对应的 ASCII 值
65
```

2.4 运算符和表达式

运算符是表示某种运算的符号。表达式是将一系列的操作数用运算符连接在一起的一种表示方法，然后经过运算，得到一个确定的值。例如，100+200就是一个算术表达式，其中“+”为加法运算符，整数100和200是操作数，表达式运算结果为300。

Python中常用的运算符包括算术运算符、关系运算符、逻辑运算符、赋值运算符、位运算符、成员运算符和标识运算符。

2.4.1 算术运算符和表达式

算术运算符主要用于数学运算，Python语言中常用的算术运算符和表达式如表2-3所示。

表 2-3 常用的算术运算符和表达式

运算符	描　述	表达式
+	加法	10 + 20 （结果为30）
-	减法	2 - 4 （结果为-2）
*	乘法	2 * 3 （结果为6）
/	除法	6 / 2 （结果为3.0）
%	取余，返回余数	10 % 3 （结果为1）
**	幂，返回 a 的 b 次幂（ a**b）	2**3（结果为8）
//	整除，返回商的整数部分	9//2（结果为4）

需要注意的是，Python中的除法运算（/）返回的结果都是浮点数，即使是两个能整除的数进行除法运算，结果也是如此。例如，6/2的运算结果应该是整数3，但Python返回的是浮点数3.0。

另外还需要注意：Python表达式中的乘号（*）不能省略，例如，数学式4ac相应的Python表达式应该写成4*a*c。

■2.4.2 关系运算符和表达式

关系运算符主要用于两个值的比较，结果为布尔值。当关系表达式成立时，运算结果为True；当关系表达式不成立时，运算结果为False。Python中常用的关系运算符和表达式如表2-4所示。

表 2-4 常用的关系运算符和表达式

运算符	描 述	表达式
==	等于	9==7（结果为False）
!=	不等于	9!= 7（结果为True）
>	大于	9>7（结果为True）
<	小于	9<7（结果为False）
>=	大于等于	9>=7（结果为True）
<=	小于等于	9<=7（结果为False）

■2.4.3 逻辑运算符和表达式

逻辑运算符用于对布尔型数据进行运算，运算结果仍然为布尔型。Python中常用的逻辑运算符和表达式如表2-5所示。

表 2-5 常用的逻辑运算符和表达式

运算符	描 述	表达式
and	逻辑与	a and b
or	逻辑或	a or b
not	逻辑非	not a

在表2-5中，a、b都是布尔型表达式。使用逻辑运算符进行逻辑运算时，运算结果如表2-6所示。

表 2-6 使用逻辑运算符进行运算的结果

表达式a	表达式b	a and b	a or b	not a
True	True	True	True	False
True	False	False	True	False
False	True	False	True	True
False	False	False	False	True

■2.4.4 赋值运算符和表达式

赋值运算符主要用于为变量赋值。赋值运算符的功能就是将右侧表达式的值赋给左侧的变量。例如：

```
x = 3 + 6  # 变量x被赋值为9
y = x + 2  # 变量y被赋值为11
```

需要注意的是：①赋值符号（=）不等于数学上的等号，它没有相等的含义。例如，x=x+1是合法的（数学上是不成立的），它的含义是取出变量x的值加1，然后再存放到变量x中；②赋值运算符左侧只能是变量名，因为只有变量才拥有存储空间，可以把数值存入其中。例如，1+2 = x就是错误的。

Python中常用的赋值运算符和表达式如表2-7所示。

表 2-7 常用的赋值运算符和表达式

运算符	描　述	表达式
=	直接赋值	a = b
+=	加法赋值	b + = a 相当于 b = b + a
-=	减法赋值	b - = a 相当于 b = b - a
*=	乘法赋值	b *= a 相当于 b = b * a
/=	除法赋值	b /= a 相当于 b = b / a
%=	取模赋值	b %= a 相当于 b = b % a
**=	指数幂赋值	b **= a 相当于 b = b ** a
//=	整除赋值	b //= a 相当于 b = b // a

■2.4.5 位运算符和表达式

程序中所有的数在计算机内存中都是以二进制的形式存储的。位运算其实就是直接对整数在内存中的二进制位进行按位操作。Python中常用的位运算符包括按位与（&）、按位或（|）、按位异或（^）、按位求反（~）、左移（<<）和右移（>>）等运算符。参加位运算的操作数必须为整数，下面详细介绍Python中的位运算。

1. 按位与（&）

“&”为双目运算符，左右两边分别有一个操作数。运算法则是：先将其两边的操作数转换成位数相同（低位对齐，高位不足补零）的二进制数，然后对应位逐一进行与运算，如果对应的二进制位都是 1，则运算结果为 1，否则运算结果为 0。

例如：

```
a = 3  #对应的二进制数为00000011
b = 5  #对应的二进制数为00000101
```

```
c=a & b    #按位与运算结果为00000001
```

2. 按位或（|）

“|”为双目运算符，左右两边分别有一个操作数。运算法则是：先将其两边的操作数转换成位数相同（低位对齐，高位不足补零）的二进制数，然后对应位逐一进行或运算，如果对应的二进制位有一个为1，则运算结果为1，否则运算结果为0。

例如：

```
a=3     #对应的二进制数为00000011
b=5     #对应的二进制数为00000101
c=a|b   #按位或运算结果为00000111
```

3. 按位异或（^）

“^”为双目运算符，左右两边各有一个操作数。运算法则是：先将其两边的操作数转换成位数相同（低位对齐，高位不足补零）的二进制数，然后对应位逐一进行异或运算，如果对应的二进制位值不相同，则运算结果为1，否则运算结果为0。

例如：

```
a=3     #对应的二进制数为00000011
b=5     #对应的二进制数为00000101
c=a^b   #按位异或运算结果为00000110
```

4. 按位取反（~）

“~”是一元运算符，结果将操作数的每一位逐位取反。

例如：

```
a=3       #对应的二进制数为00000011
c=~a      #运算结果为11111100
print(c)  #输出c的值，输出结果为：-4
```

需要注意的是，示例中的正数按位取反之后，居然变成了负数。出现这种结果的原因是二进制数中最高位为符号位，符号位为0时表示正数，为1时表示负数。正数3的最高位是0，取反之后变成了1，最高位为1表示的是一个负数。负数补码表示法为原位取反，末位加1（符号位不变），1111 1100是补码，按照负数补码表示法逆向回推则得出此负数。1111 1100先减1得1111 1011，再取反为1000 0100（最高位1为负数的符号位），转换为十进制数为-4。

5. 左移（<<）

左移就是把“<<”左边的运算数的各二进制位全部左移指定的位数，高位移出的丢弃，低位补0。

例如：

```
a = 3   # 对应的二进制数为00000011
```

左移2位

```
c = a << 2        # 左移 2 位后为00001100
print(c)          # 输出 c 的值，结果为12
```

左移一个二进制位，相当于把一个数乘以2。左移*n*个二进制位，相当于这个数乘以2^n。左移运算有溢出问题，因为整数的最高位是符号位，当左移一位时，若符号位不变，则相当于这个数乘以2，若符号位变化，就发生了溢出。

6. 右移（>>）

右移，就是把“>>”左边的运算数的各二进制位全部右移指定的位数，低位移出的丢弃，高位的补0或1。若运算数是有符号的整型数，则高位补符号位；若运算数是无符号的整型数，则高位补0。右移一个二进制位，相当于这个数除以2，右移*n*个二进制位，相当于这个数除以2^n，这里取的是商，不要余数。

例如：

```
a = 3   # 对应的二进制数为00000011
```

右移2位

```
c = a >> 2   # 右移 2 位后为00000000
print(c)     # 输出 c 的值，结果为0
```

为了便于读者更好地理解移位运算符，下面通过一个示例演示移位运算符的使用方法，示例代码和结果如图2-2所示。

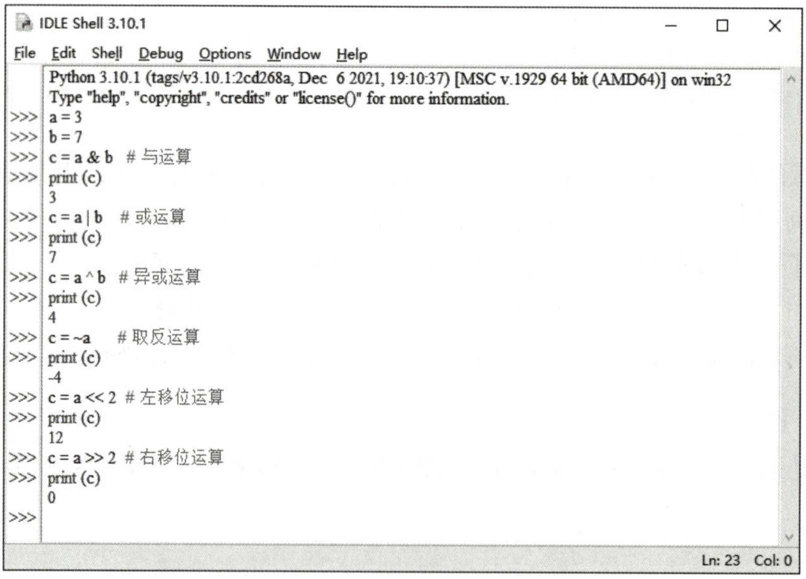

图 2-2　位运算符示例

2.4.6 成员运算符和表达式

成员运算符有in和not in两个，用于判断一个值是否包含在某个字符串、列表或元组中，返回值为True或False。例如：

```
>>>a = "hello Python"  #定义一个字符串变量a
>>>"Python" in a     #判断"Python"是否在字符串变量a中
True             # "Python"在字符串变量a中，返回True
>>>"Py" in a
True
>>>"hello" in a
True
>>>"hello" not in a
False
>>>"Python" not in a  #判断"Python"是否不在字符串变量a中
False
```

2.4.7 标识运算符和表达式

标识运算符有is和is not两个，用于判断两个标识符是否引用同一个对象。它的用法类似于成员运算符。例如：

```
>>>a = 100
>>>b = 100
>>>a is b  #判断a和b是否引用同一个对象
True
>>>a is not b
False
```

2.4.8 运算符的优先级

所谓运算符的优先级，指的是当一个表达式中出现多个运算符时，先执行哪个运算符。例如，对于表达式3+5*7，Python会先执行乘法运算，再执行加法运算。乘法的优先级高于加法。

Python中常用运算符的优先级如表2-8所示。

表 2-8 运算符的优先级

优先级	运算符	描　述
1	**	幂
2	+、-、~	正号、负号、按位取反

（续表）

优先级	运算符	描　述
3	*、/、%、//	乘、除、取模、整除
4	+、-	加、减
5	>>、<<	左移、右移
6	&	按位与
7	^、|	按位异或、按位或
8	>、<、=>、<=	关系运算符
9	==、!=	等于、不等于（关系运算符）
10	=、%=、/=、//=、+=、-=、*=、**=	赋值运算符
11	is、is not	标识运算符
12	in、not in	成员运算符
13	not、and、or	逻辑非、逻辑与、逻辑或

2.5 基本输入和输出

在程序运行过程中，一般都会涉及用户与程序的交互，即用户输入数据，程序对用户输入的数据进行处理，然后输出用户期望的结果。通过键盘输入数据并在显示器上显示结果是最常见的输入和输出，也被称为基本（标准）输入和输出。Python提供了两个内置函数input()和print()，用于实现基本的输入和输出功能。

2.5.1 基本输入

内置函数input()用于接收用户的键盘输入，该函数的一般用法为：

```
x = input([prompt])
```

其中，prompt是可选参数，通常是一个字符串，用于提示用户输入数据，增加程序的可读性和易用性。用户输入数据后，按Enter键，input()函数将返回值赋值给左侧的变量。

例如，要求用户通过键盘输入姓名，并把用户输入的值赋给变量，具体代码如下：

```
>>>name = input("请输入姓名：")
请输入姓名：万小莉
```

需要注意的是，在Python 3.x中，无论输入的是字符串还是数字，最后input()函数返回的都是字符串。例如：

```
>>>name = input("请输入姓名：")
```

```
请输入姓名：王捷
>>>print(type(name))
<class 'str'>
>>>age = input("请输入年龄：")
请输入年龄：23
>>>print(type(age))
<class 'str'>
>>>score = input("请输入考试成绩：")
请输入考试成绩：91.5
>>>print(type(score))
<class 'str'>
```

查看上面代码的执行结果可以发现，无论用户输入的是字符串、整数、浮点数，input()函数的返回值都是字符串。

如果需要接收数值，用户必须对接收到的字符串进行数据类型转换，例如：

```
>>>score = int(input("请输入考试成绩："))
请输入考试成绩：88
>>>print(type(score))
<class 'int'>
```

从上面的代码的执行结果发现，函数int()实现了字符串到整数的转换。

■2.5.2 基本输出

内置函数print()用于将结果输出到显示器。

1. print()函数的基本用法

print()函数的一般用法为：

```
print (输出的内容)
```

其中，输出的内容可以是字符串和数字，也可以是表达式。例如：

```
>>>print("计算三角形面积")
计算三角形面积
>>>x = 5
>>>y = 6
>>>s = x*y/2
>>>print("三角形面积 = ",s)
三角形面积 = 15.0
```

print()函数默认带有换行功能，输出语句执行后，会自动切换到下一行。例如：

```
# printDemo1.py
print ("床前明月光，")
print ("疑是地上霜。")
print ("举头望明月，")
print ("低头思故乡。")
```

上述代码保存在printDemo1.py文件中，执行该文件，执行结果如下：

```
床前明月光，
疑是地上霜。
举头望明月，
低头思故乡。
```

如果需要print()函数实现不换行功能，可以在输出的内容后面添加设置“end=' '”，示例代码如下：

```
# printDemo2.py
print ("床前明月光，",end=' ')
print ("疑是地上霜。")
print ("举头望明月，",end=' ')
print ("低头思故乡。")
```

上述代码保存在printDemo2.py文件中，执行该文件，执行结果如下：

```
床前明月光， 疑是地上霜。
举头望明月， 低头思故乡。
```

通过执行结果可以发现，print()函数中添加设置“end=' '”可以实现输出不换行的功能。

2. 使用 % 进行格式化输出

Python中使用%进行格式化输出，一般用法是：“格式化学符串”%（值或元组）其中“格式化学符串”包含一个或多个格式化说明符（以%开头）。

（1）整数的输出

整数可以采用以下方式进行格式化输出。

- **%o**：输出八进制整数。
- **%x**：输出十六进制整数。
- **%d**：输出十进制整数。

（2）浮点数的输出

浮点数可以采用以下方式进行格式化输出。

- **%f**：默认保留小数点后6位数字。如果是%.2f，则保留两位小数。
- **%e**：使用科学记数法输出，默认保留小数点后6位数字。如果是%.2e，则表示保留两位小数。
- **%g**：在保证有6位有效数字的前提下，使用小数方式，否则使用科学记数法。

（3）字符串的输出

字符串可以采用以下方式进行格式化输出。

- **%s**：默认的字符串输出。
- **%10s**：右对齐，且输出字符串的长度为10位字符。如果输出的字符串长度不足10位，则左边补空格；如果超过10位，则按原长度输出。
- **%-10s** ：左对齐，且输出字符串的长度为10位字符。如果输出的字符串长度不足10位，则右边补空格；如果超过10位，则按原长度输出。
- **%.2s**：截取两位字符串输出。

示例代码如下：

```
>>>print ("%s" %"床前明月光")   #默认的字符串输出格式
床前明月光
>>>print ("%10s" %"床前明月光") #右对齐，取10位，如果不够左边补空格
     床前明月光
>>>print ("%.2s" %"床前明月光")  #从左边取两位
床前
```

3. 使用format()函数进行格式化输出

format()函数功能非常强大，它可以把字符串当成一个模板，通过传入的参数进行格式化，并且使用花括号“{ }”作为特殊字符替代“%”，使用方法主要有如下3种方式。

- 不带编号的。
- 带数字编号，可以调换显示的顺序，如“{0}”“{1}”，括号中的数字用于指向传入对象在format()中的位置。
- 带关键字，如“{key1}”“{key2}”，若使用了关键字参数, 那么它们的值会指向使用该关键字的参数。

示例代码如下：

```
>>>print ("{} {}".format("床前明月光","疑是地上霜"))    #不带字段
床前明月光 疑是地上霜
>>>print ("{0} {1}".format("床前明月光","疑是地上霜"))  #带数字编号
床前明月光 疑是地上霜
>>>print ("{1} {0}".format("床前明月光","疑是地上霜")) #调换显示顺序
疑是地上霜 床前明月光
>>>print ("{a} {b} {a}".format(b="张三",a="李四"))     #带关键字
```

```
李四 张三 李四
>>>print ("{a} {b} {a} {b}".format(b="张三",a="李四"))      #带关键字
李四 张三 李四 张三
```

课后作业

练习1：简述Python标识符的命名规则。

练习2：列举Python中的基本数据类型。

练习3：列举几个常用的数据类型转换函数。

练习4：列举几个不同类型的表达式。

第3章

字符串

内容概要

在计算机编程中，字符串是应用最广泛的一种类型，程序要处理的信息大多数是字符串而不是数字。Python中的字符串是一种不可变的序列类型，一旦创建就无法更改，只能重新赋值。对于每一个学习Python的编程者来说，熟练掌握并且能够灵活运用字符串是非常重要的。本章将介绍字符串的相关知识。

数字资源

【本章源代码】："源代码\第3章"目录下

3.1 认识字符串

字符串是由多个字符组成的字符序列，必须用引号把字符串括起来。Python中没有单独的字符类型，只包含一个字符的字符串就代表一个字符。

■3.1.1 字符串的创建

可以通过单引号或双引号创建字符串。例如：

```
s1 = 'hello'
s2 ="zzuli.edu.cn"
```

使用两种引号的好处是可以不使用转义字符创建本身就包含引号的字符串，例如：

```
>>> s1 = "I'm a student"
>>> print(s1)
I'm a student
>>> s2 = 'My name is "John"'
>>> print(s2)
My name is "John"
```

连续3个单引号或3个双引号，可以创建多行字符串。例如：

```
>>> student = '''name="John"
school="zzuli" age=18
hobby="唱歌"'''
>>> print(student)
name="John"
school="zzuli" age=18
hobby="唱歌"
```


■3.1.2 字符编码

字符编码是指将文本转换为计算机可以处理的数字格式的过程，字符编码经历了一个不断发展的过程，出现了不同的编码方案。字符编码主要有以下几种。

1. ASCII编码

ASCII码最初为英文设计，使用一个字节表示一个字符，能够表示128个字符，包括英文字符、数字和一些控制字符，后来扩展到256个字符，以包含更多欧洲语言。它的缺点是无法表示非拉丁字母系统的语言，如中文、日文或韩文等。

2. Unicode编码

Unicode编码的目的是统一全球所有语言的字符编码。它最初使用UCS-2，后来发展为

UCS-4，可以表示更多字符。每个字符使用固定数量的字节（通常是2或4个字节）表示，以确保所有字符都有唯一的编码。

3. UTF-8编码

UTF-8编码是Unicode的一种实现方式，采用变长字节表示字符。对于常用字符（如英文字符），使用1～3个字节表示；对于非常用字符（如中文字符），使用3～4个字节表示。UTF-8可以兼容ASCII编码，同时支持国际化的文本处理，被广泛应用于网络传输和文件存储。

4. 其他编码

- **GB2312**：中国的国家编码标准，用于简体中文字符，使用两个字节表示一个汉字。
- **GBK**：是GB2312的扩展，同样用于简体中文字符。
- **Shift_JIS和Euc-kr**：分别用于日文和韩文的编码。

总的来说，字符编码的发展是为了解决不同语言之间的字符表示问题，以确保全球范围内的文本能够正确显示和处理。

Python 3直接支持Unicode，可以表示世界上任何书面语言的字符。Python 3的字符默认就是16位Unicode编码。使用内置函数ord()可以把字符转换成对应的Unicode码；使用内置函数chr()可以把十进制数字转换成对应的字符。例如：

```
>>> ord('A')
65
>>> ord('爱')
29233
>>> chr(66)
'B'
>>> chr(22269)
'国'
```

3.1.3 转义字符

在字符串的使用过程中，存在一些无法直接显示的字符，如换行符、水平制表符等，这些符号称为“特殊字符”。此外，如果在双引号标记的字符串中出现双引号字符，那么此时字符串中的双引号也是一种“特殊字符”。为了在字符串中表达这些特殊字符，就需要用字符转义的形式来书写，即在特殊字符前加上“\”。Python中常用的转义字符如表3-1所示。

表 3-1　常用转义字符及其含义

转义字符	含　义
\（在行尾）	续行符
\\	反斜杠符
\'	单引号
\"	双引号

（续表）

转义字符	含　义
\n	回车换行
\t	横向制表符
\b	退格
\r	回车
\f	换页
\a	响铃
\ooo	表示一个八进制码位的字符，例如，\141表示字母a
\xhh	表示一个十六进制码位的字符，例如，\x61表示字母a

如果需要忽略字符串中的转义字符，则可以在字符串的前面添加“r”或者“R”，使之成为原始字符串。例如，要打印某个文件的路径“D:\tool”，其中的“\t”构成了一个转义字符，导致字符串输出格式不符合预期，此时在字符串前加“r”或者“R”即可忽略转义字符的原有作用。例如：

```
>>> print("D:\tool")
D:      ool
>>> print(r"D:\tool")
D:\tool
```

3.2　字符串的处理

Python中提供了大量处理字符串的方法，可以使用dir("")查看所有字符串方法列表，并使用内置函数help()查看每个方法的帮助。本节主要介绍一些常用的字符串方法的用法。

■3.2.1　字符串的基本操作

本节主要介绍一些常用的字符串的基本操作，如求字符串的长度、字符串的索引、字符串的拼接与比较等。

1. 常用函数

Python内置了很多用来操作字符串的函数。

（1）求字符串长度

函数len()可以用来求字符串中包含多少个字符，即字符串的长度，例如：

```
>>> s = "welcome"
>>> len(s)
7
```

Python允许空字符串的存在，不包含任何字符且长度为0。例如：

```
>>> s1 = ""
>>> len(s1)
0
```

（2）求字符串最大值和最小值

函数max()用来求字符串的最大字符，函数min()用来求字符串中的最小字符，例如：

```
>>> s = "adfagawgaj"
>>> max(s)
'w'
>>> min(s)
'a'
>>> s="欢迎来到郑州"
>>> max(s)
'郑'
>>> min(s)
'到'
```

2. 字符串的索引和切片

字符串是由若干字符组成的序列，每个字符在字符串中都有一个位置，这称为字符的索引，可以通过索引来访问字符。和元组、序列相同，也可以通过切片来获取字符串中若干个连续的字符。

字符串的索引分为正向索引和反向索引两种，如图3-1所示。

0	1	2	3	4	5	6
p	r	o	g	r	a	m
-7	-6	-5	-4	-3	-2	-1

图 3-1 字符串索引图

切片用于提取字符串的子串，语法为：s[start: end]，包含start，不包含end。

下面给出几个通过字符串索引和切片来获取字符串中单个字符和若干个字符的例子。

```
>>> s = "program"
>>> s[2]
'o'
>>> s[-5]
'o'
>>> s[1:3]
```

```
'ro'
>>> s[-1:-2]
''
>>> s[-6:-5]
'r'
>>> s[0:]
'program'
>>> s[:-1]
'progra'
>>> s[:]
'program'
```

需要注意的是：字符串是不可变的，不能通过下标索引改变它的值。

3. 字符串的拼接和复制

可以使用“+”将多个字符串拼接在一起，使用“*”可以对字符串进行复制，例如：

```
>>> s = "郑州"+"轻工业大学"
>>> s
'郑州轻工业大学'
>>> s = '我'+'爱'+'Pyhon'
>>> s
'我爱Pyhon'
>>> s = '加油！ '*3
>>> s
'加油！ 加油！ 加油！ '
```

4. 字符串比较

字符串比较是通过依次比较字符串中对应的字符来进行的。字符比较实际上是比较字符的编码值。字符串比较的规则是：先比较第1个字符，如果两个字符串的第1个字符相等，就比较第2个字符，如果两个字符串的第2个字符也相等，就比较第3个字符，以此类推。如果两个字符串的所有字符都相等，那么两个字符串相等，否则，第1组不相等的两个字符的比较结果，就是字符串的比较结果。例如：

```
>>> 'green'>'red'
False
>>> '你好'<'你们'
False
>>> 'abc'<'abcd'
True
```

■3.2.2 字符串检测

字符串中有很多方法可以用来对字符串的内容进行各种检测和判断，主要包括：

- **isalnum()**：判断字符串中的字符是否为字母或数字，如果是则返回True，否则返回False。
- **isalpha()**：判断字符串中的字符是否全是字母，如果是则返回True，否则返回False。
- **isdigit()**：判断字符串中的字符是否全是数字，如果是则返回True，否则返回False。
- **isidentifier()**：判断字符串是否为Python标识符，如果是则返回True，否则返回False。
- **islower()**：判断字符串中的字符是否全是小写，如果是则返回True，否则返回False。
- **isupper()**：判断字符串中的字符是否全是大写，如果是则返回True，否则返回False。
- **isspace()**：判断字符串中是否全是空白符，如果是则返回True，否则返回False。

例如：

```
>>> 'aba34'.isalpha()
False
>>> 'aba34'.isalnum()
True
>>> 'aba34'.isdigit()
False
>>> '1234'.isdigit()
True
>>> 'while'.isidentifier()
True
>>> 'ABC'.isupper()
True
>>> 'abc'.islower()
True
>>> '  '.isspace()
True
```

在使用字符串的过程中，经常需要查找满足特定条件的子串，字符串也提供了相应的方法来实现这些功能。

- **endswith(s1)**：如果字符串是以子串s1结尾，则返回True。
- **startswith(s1)**：如果字符串是以子串s1开头，则返回True。
- **find(s1)**：返回s1在字符串中的最小下标，如果字符串中不存在s1，则返回-1。
- **rfind(s1)**：返回s1在字符串中的最大下标，如果字符串中不存在s1，则返回-1。
- **count(s1)**：返回s1在字符串中出现的次数。

例如：

```
>>> s1= '13713929557'
>>> s1.startswith('137')
True
>>> s1.startswith('138')
False
>>> s1.endswith('9557')
True
>>> s1.find('9557')
7
>>> s1.find('8517')
-1
>>> s1.rfind('3')
4
>>> s1.count('7')
2
```

3.2.3 字符串转换

字符串的内容不能被更改，如果更改就会创建一个新的字符串对象。字符串提供了一些方法用来更改串中的内容，并生成一个新的字符串对象。

- **capitalize()**：将字符串的第1个字母大写，并返回一个新的字符串副本。
- **lower()**：将字符串中的所有字符变成小写，并返回一个新的字符串副本。
- **upper()**：将字符串中的所有字符变成大写，并返回一个新的字符串副本。
- **title()**：将字符串中每个单词的第1个字符变为大写，并返回一个新的字符串副本。
- **swapcase()**：将字符串中的小写字符变成大写，大写字符变成小写，并返回一个新的字符串副本。
- **replace(old, new)**：使用new字符串替换原字符串中的所有old字符串，并返回一个新的字符串副本。

例如：

```
>>> s = 'i am Lisa'
>>> s.capitalize()
'I am lisa'
>>> s
'i am Lisa'
>>> s = 'i am Lisa'
>>> s1 = s.capitalize()
>>> s1
'I am lisa'
```

```
>>> s
'i am Lisa'
>>> s = 'Hello World'
>>> s2 = s.lower()
>>> s2
'hello world'
>>> s
'Hello World'
>>> s3 = s.upper()
>>> s3
'HELLO WORLD'
>>> s
'Hello World'
>>> s = 'wang jie'
>>> s4 = s.title()
>>> s4
'Wang Jie'
>>> s
'wang jie'
>>> s = 'aAaA'
>>> s5 = s.swapcase()
>>> s5
'AaAa'
>>> s
'aAaA'
>>> s = 'I love Java'
>>> s6 = s.replace('Java','Python')
>>> s6
'I love Python'
>>> s
'I love Java'
```

从以上代码可以看出，使用这些转换类方法对字符串内容进行修改后都会生成新的字符串，而原字符串内容不变。

■3.2.4 字符串分隔和合并

字符串可以用特定字符分隔为列表形式，列表及其他可迭代对象也可以合并为一个字符串。分隔和合并分别通过字符串的split()和join()方法实现，具体用法的示例如下：

```
>>> email = '30770528@qq.com'
>>> email.split('@')          #将字符串email以@字符进行分隔
['30770528', 'qq.com']
>>> fruits = ['苹果','香蕉','橘子','草莓']
>>> sep = '、'
>>> fruitslist = sep.join(fruits)    #用“、”将列表中的元素连接起来变成一个字符串
>>> fruitslist
'苹果、香蕉、橘子、草莓'
```

■3.2.5 字符串格式化

字符串格式化是指预先指定一个有空位的模板，然后根据需要对空位进行填充。例如，预先定制一个模板“我的名字叫________，今年___岁了”，然后在下画线的位置填充内容，可以使用以下代码实现。

```
>>> print("我的名字叫{}，今年{}岁了".format("Lisa",40))
我的名字叫Lisa，今年40岁了
```

从Python 2.6开始，字符串提供了format()方法来对字符串进行格式化。

1. format()方法的基本语法

format()方法的基本语法格式如下：

```
模板字符串.format(参数列表)
```

模板字符串中有一系列用“{}”表示的空位，format()方法可以将以逗号分隔开的参数列表按照对应关系替换到这些空位上。如果“{}”中没有序号，则按照它们出现的先后顺序进行替换；如果“{}”指定了参数序号，则会按照序号对参数进行替换，参数从0开始编号，例如：

```
>>> print("我的名字叫{1}，今年{0}岁了".format(40,"Lisa"))
我的名字叫Lisa，今年40岁了
```

2. format()方法的格式处理

format()方法的模板字符串空位中不仅可以填写参数序号，还可以有其他的格式处理形式，此时空位的样式如下：

```
{参数序号：格式处理内容}
```

其中，格式处理内容按照以下顺序使用。

- **填充**：填充单个字符，不指定时用空格填充。
- **对齐**：“<”为左对齐，“>”为右对齐，“^”为居中对齐。
- **符号**：“+”表示在正数前加正号，负数前加负号；“-”表示正数不变，负数加负号；空

格表示正数加空格，负数加负号。

- **宽度**：指定空位所占宽度。
- **分隔符**：用逗号分隔数值的千分位，适用于正数和浮点数。
- **精度**：用“.precision”指定浮点数的精度或字符串输出的最大长度，如“.5”。
- **类型**：用于指定类型，常见类型对应的格式字符如表3-2所示。

表 3-2 类型格式字符说明

类型对应的字符	说 明
a	对字符串类型格式化
b	将整数输出为对应的二进制形式
c	将整数输出为对应的Unicode字符
d	将整数输出为对应的十进制形式
o	将整数输出为对应的八进制形式
x或X	将整数输出为对应的小写或大写的十六进制形式
e或E	将浮点数输出为e或E的指数形式
f	将浮点数标准输出
%	输出浮点数的百分比形式

具体用法示例如下：

```
>>> name = 'Lisa'
>>> age = 40
>>> # 用-占位，宽度为10，姓名和年龄居中
>>> print('我叫{0:-^10}，年龄{1:-^10}'.format(name,age))
我叫---Lisa---，年龄----40----
>>> weight = 100
>>> cal = 600.237807
>>> print("卡路里为{0:*>20,}".format(cal))  # 将cal用逗号分隔，并居右侧
卡路里为**********600.237807
>>> # 将weight转换为一个精度的浮点数，并设置cal的精度为两位
>>> print("我吃了{0:.1f}克开心果，摄入了{1:,.2f}卡路里".format(weight,cal))
我吃了100.0克开心果，摄入了600.24卡路里
```

3. f-string

f-string（格式化字符串字面值）是Python 3.6及以后版本中引入的一种新的字符串格式化机制。它允许在字符串中嵌入表达式，这些表达式在运行时会被求值并转换为字符串，然后直接插入到最终的字符串中。f-string提供了一种简洁、直观且功能强大的方式来格式化字符串。

使用f-string的基本语法是在字符串前面加上一个小写的f或F，然后在字符串内部使用花括号{}来包围想要嵌入的表达式，例如：

```
>>> name = 'Lisa'
>>> age =40
>>> greeting = f'Hello,{name}.You are {age} years old.'
>>> print(greeting)
Hello,Lisa.You are 40 years old.
```

f-string还支持更复杂的表达式，包括函数调用、算术运算等，例如：

```
>>> a = 10
>>> b = 15
>>> result = f'The sum of {a} and {b} is {a+b}.'
>>> print(result)
The sum of 10 and 15 is 25.
```

f-string还提供了格式化输出的能力，可以使用冒号（:）后面跟格式说明符来指定如何格式化输出，例如：

```
>>> cal = 600.237807
>>> formatted_cal = f'The cal is {cal:.2f}.'
>>> print(formatted_cal)
The cal is 600.24.
```

3.3 字符串综合实例

Python中的字符串是一种非常强大的数据类型，可以用来执行各种操作，包括连接、切片、查找、替换、分隔等。本节将通过一个综合实例来演示字符串的具体应用。

【例3-1】构建文本处理器。

功能描述：文本处理器应该能完成以下功能。

①读取用户输入的文本。

②将文本转换为大写。

③统计并输出文本中每个单词的出现次数。

④将文本中的特定单词替换为另一个单词。

程序源代码如下：

```
#3-1.py
# 1. 读取用户输入的文本
text = input("请输入一段文本：")
```

```
# 2. 将文本转换为大写
uppercase_text = text.upper()
print("转换为大写后的文本：")
print(uppercase_text)
# 3. 统计并输出文本中每个单词的出现次数
word_count = {}
words = uppercase_text.split()
for word in words:
    if word in word_count:
        word_count[word] += 1
    else:
        word_count[word] = 1
print("单词出现次数：")
for word, count in word_count.items():
    print(f"{word}: {count}")
# 4. 将文本中的特定单词替换为另一个单词
replace_word = input("请输入要替换的单词：")
replacement_word = input("请输入替换后的单词：")
replaced_text = uppercase_text.replace(replace_word, replacement_word)
print("替换后的文本：")
print(replaced_text)
```

运行程序，结果如下：

```
请输入一段文本：From tomorrow on I will be a happy person From tomorrow on I will care foodstuff
and vegetables
转换为大写后的文本:
FROM TOMORROW ON I WILL BE A HAPPY PERSON FROM TOMORROW ON I WILL CARE
FOODSTUFF AND VEGETABLES
单词出现次数:
FROM: 2
TOMORROW: 2
ON: 2
I: 2
WILL: 2
BE: 1
A: 1
HAPPY: 1
PERSON: 1
```

```
CARE: 1
FOODSTUFF: 1
AND: 1
VEGETABLES: 1
请输入要替换的单词：tomorrow
请输入替换后的单词：Today
替换后的文本:
FROM Today ON I WILL BE A HAPPY PERSON FROM Today ON I WILL CARE FOODSTUFF AND
VEGETABLES
```

课后作业

练习1：给定一个字符串str，提取第3～6个字符（包含两端）。

练习2：给定一个字符串str，查找子串substr在str中第1次出现的位置。

练习3：给定一个以逗号分隔的字符串str，将其分隔成一个字符串列表。

练习4：给定一个字符串，去除其中的重复字符，并输出结果。

第4章

流程控制

内容概要

在结构化程序设计中，只允许使用3种基本结构，即顺序结构、选择（分支）结构和循环结构。本章重点介绍选择结构和循环结构，并通过大量的实例来演示这些流程控制语句的使用方法。

数字资源

【本章源代码】：“源代码\第4章”目录下

4.1 基本程序结构

Python程序包括3种基本程序结构，分别是顺序结构、选择（分支）结构和循环结构。

1. 顺序结构

顺序结构表示程序在执行时，按照语句的顺序从上到下逐句执行，这是结构化程序设计中最简单的结构。

2. 选择（分支）结构

选择结构表示程序在执行过程中出现了分支，它需要根据某一特定的条件选择其中的一个分支执行。

3. 循环结构

循环结构表示程序反复执行某条或某些语句，直到某条件为假（或为真）时才可终止循环。

4.2 分支结构

在Python语言中，分支结构主要用于根据条件的不同执行不同的代码块。换句话说，即对语句中的条件进行判断，根据判断结果的不同执行不同的语句。分支结构主要包括以下几种形式。

- 简单if语句。
- if-else双分支语句。
- if-elif-else多分支语句。

4.2.1 简单if语句

简单if语句由if关键字、表达式和语句块3部分组成，语法格式如下：

```
if 表达式:
    语句块
```

其中，表达式可以是一个具体的值或变量，也可以是非常复杂的表达式。如果表达式的值为真（Python中的每个对象都有一个布尔值，例如，任何非0数字的布尔值均为True，任何非空字符串的布尔值也都是True），则执行语句块，否则跳过语句块，继续执行后面的语句。具体流程如图4-1所示。

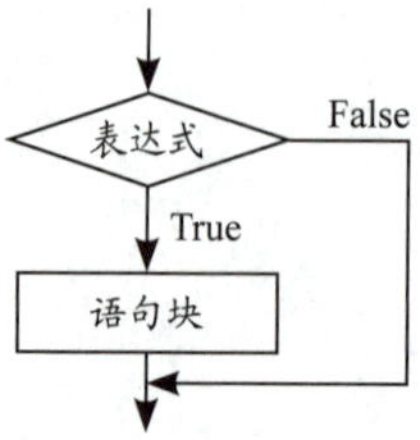

图 4-1　简单 if 语句流程图

【例4-1】简单if语句应用示例。

功能描述：使用简单if语句判断用户输入的用户名是否等于“admin”，如果相等，则首先输出“用户名输入正确”，然后再输出“欢迎使用本系统”。

程序源代码如下：

```
# login1.py
userName = input("请输入用户名：")
if (userName == "admin"):
    print("用户名输入正确")
    print("欢迎使用本系统")
```

程序执行结果如下：

```
请输入用户名：admin
用户名输入正确
欢迎使用本系统
```

需要注意的是，if语句后面的“:”不能省略，它被用于if语句、while语句、for语句之后，作为语句头的结束标志。语句块不需要用花括号括起来，但是必须向右缩进相同的长度。

4.2.2 if-else语句

简单if语句是一种单选结构，也就是说，如果表达式为True，就执行指定的语句块，否则就跳过该语句块；而if-else语句是一种双选结构，其后有两个语句块，它会根据表达式的值选择其中一个语句块执行。if-else语句的语法格式如下：

```
if 表达式:
    语句块1
else:
    语句块2
```

其中，表达式可以是一个具体的值或变量，也可以是非常复杂的表达式。如果表达式的值为真，则执行语句块1；如果表达式的值为假，则执行语句块2。具体流程如图4-2所示。

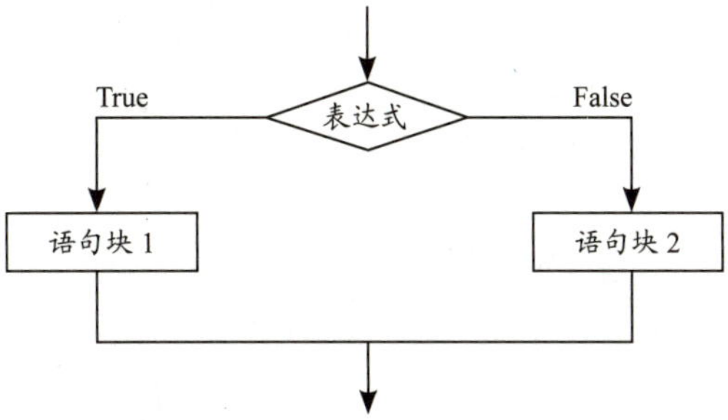

图 4-2 if-else 语句流程图

【例4-2】if-else语句应用示例1。

功能描述：使用if-else语句判断用户输入的用户名是否等于“admin”，如果相等，则输出“用户名输入正确”，如果不相等，则输出“用户名输入有误”。

程序源代码如下：

```
# login2.py
userName = input("请输入用户名：")
if (userName == "admin"):
    print("用户名输入正确")
else:
    print("用户名输入有误")
```

程序执行结果如下：

```
请输入用户名：张三
用户名输入有误
```

重新执行程序，这次输入正确的用户名，执行结果如下：

```
请输入用户名：admin
用户名输入正确
```

分析程序的两次执行结果可以发现，程序可以根据用户输入的用户名的正确与否分别执行不同的语句块，输出不同的执行结果。

注意事项

①if和else要左对齐。

②else后面需要加冒号。

③else不能单独使用，必须和 if 一起使用。

【例4-3】if-else语句应用示例2。

功能描述：使用if-else语句判断用户输入的成绩是否大于等于60，如果大于等于60输出“考试及格”，如果小于60，则输出“考试不及格”。

程序源代码如下：

```
# Score1.py
s1 = input("请输入考试成绩：")
score = int(s1)
if (score >= 60):
    print("考试及格")
else:
    print("考试不及格")
```

程序执行结果如下：

```
请输入考试成绩：77
考试及格
```

■4.2.3 if-elif-else语句

简单if语句和if-else语句只能解决选择的语句块只有一个或两个的简单问题，如果需要在更多语句块中进行选择，就需要使用if-elif-else多分支语句。if-elif-else语句的语法格式如下：

```
if 表达式1:
    语句块1
elif 表达式2:
    语句块2
elif 表达式3:
    语句块3
...
else:
    语句块n
```

其中，表达式可以是一个具体的值或变量，也可以是非常复杂的表达式。如果表达式1的值为真，则执行语句块1，然后结束整个分支语句；如果为假，则跳过语句块1，进入elif的判断，如果表达式2为真，则执行语句块2，然后结束整个分支语句；依次类推，如果前面所有的表达式的值都为假，则执行else后面的语句块*n*。具体流程如图4-3所示。

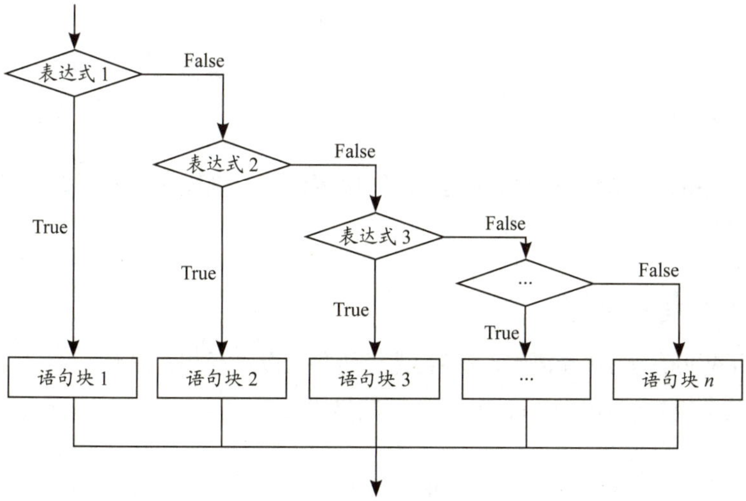

图 4-3 if-elif-else 语句流程图

【例4-4】if-elif-else语句应用示例。

功能描述：输入学生的成绩，按分数输出其等级，成绩>= 90为优秀，90 >成绩>= 80为良好，80 >成绩>= 70为中等，70 >成绩>= 60为及格，成绩<60为不及格。

程序源代码如下：

```
# score2.py
s1 = input("请输入学生成绩: ")
score = int(s1)
if (score >= 90):
    print("优秀")
elif score >= 80:
    print("良好")
elif score >= 70:
    print("中等")
elif score >= 60:
    print("及格")
else:
    print("不及格")
```

程序执行结果如下：

```
请输入考试成绩: 88
良好
请输入考试成绩: 98
优秀
请输入考试成绩: 55
不及格
```

为了验证程序的正确性，这里我们进行了3次测试，分别输入了不同分数段的数据，显示了相应的分数等级。

■4.2.4 if语句的嵌套

前面介绍了3种形式的选择语句，这3种选择语句可以进行相互嵌套。

例如，在简单if语句中嵌套if-else语句，语法格式如下：

```
if 表达式1:
    if 表达式2:
        语句块1
    else:
        语句块2
```

在简单if-else语句中嵌套if-else语句，语法格式如下：

```
if 表达式1:
    if 表达式2:
        语句块1
    else:
        语句块2
else:
    if 表达式3:
        语句块3
    else:
        语句块4
```

【例4-5】if语句的嵌套应用示例1。

功能描述：某城市地铁车票售价规定，乘1～4站，3元/位；乘5～9站，4元/位；乘9站以上，5元/位。要求按照输入的人数和站数计算并输出乘车费用。

程序源代码如下：

```
# fares.py
station = int(input('请输入乘车站数: '))
people = int(input('请输入乘车人数: '))
if station <= 9:
    if station <= 4:
        money = people*3
    else:
        money = people*4
else:
    money = people*5
print("乘车费用为: ", money)
```

程序执行结果如下：

```
请输入乘车站数: 6
请输入乘车人数: 3
乘车费用为: 12
```

【例4-6】if语句的嵌套应用示例2。

功能描述：输入一个整数，判断该整数能否被2和3整除，并输出判断结果。

程序源代码如下：

```
# numbs.py
```

```
num=int(input("输入一个数字: "))
if num%2==0:
    if num%3==0:
        print ("你输入的数字可以整除 2 和 3")
    else:
        print ("你输入的数字可以整除 2，但不能整除 3")
else:
    if num%3==0:
        print ("你输入的数字可以整除 3，但不能整除 2")
    else:
        print ("你输入的数字不能整除 2 和 3")
```

程序执行结果如下：

```
输入一个数字: 9
你输入的数字可以整除 3，但不能整除 2
```

在Python中使用if语句嵌套时，应注意以下几点。

- 保持代码的缩进规范，一般使用4个空格或一个制表符（Tab）。
- 避免过深的嵌套，过深的嵌套会使代码难以阅读和维护。
- 确保每个if语句都有对应的else语句（如果需要的话），以避免逻辑漏洞。
- 使用elif（else if的缩写）来检查多个条件，可以减少不必要的嵌套。

4.3 循环结构

循环语句用于重复执行某段程序代码，直到满足特定的条件为止。Python语言提供的循环语句包括while循环语句和for循环语句。

4.3.1 while循环语句

while循环语句是一种用表达式来控制循环的语句，它的语法格式如下：

```
while 表达式:
    语句块
```

当表达式的返回值为真时，执行语句块（循环体），然后重新判断表达式的返回值，直到表达式的值为假时，结束循环。具体流程如图4-4所示。

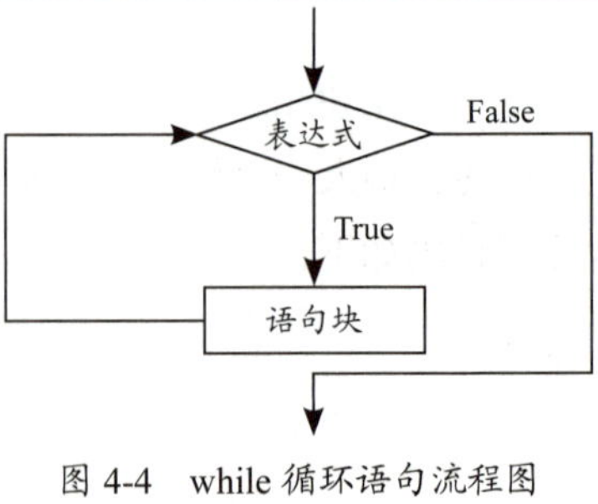

图 4-4　while 循环语句流程图

【例4-7】while语句应用示例1。

功能描述：使用while语句计算10的阶乘。

程序源代码如下：

```
# test_while1.py
i = 1
results = 1
while i <= 10:
    results = results * i
    i= i + 1   # 每循环一次，循环变量i的值增加1
print("10 的阶乘是 = %d" % results)
```

程序执行结果如下：

```
10 的阶乘是 = 3628800
```

需要注意的是，在编写while循环语句时，一定要保证程序能够正常结束，否则将导致“死循环”，即程序一直执行无法退出循环。例如，下面的代码就是一个死循环。

```
i = 1
while i <= 10:
    print("ok")
```

上面的代码中，无论循环执行多少次，i的值一直都是1，永远小于10，循环会一直执行下去，不停地输出结果“ok”。

【例4-8】while语句应用示例2。

功能描述：输入两个正整数，求它们的最大公约数，并输出结果。

程序源代码如下：

```
# test_while2.py
x1 = int(input("请输入第1个正整数: "))
y1 = int(input("请输入第2个正整数: "))
x = x1
y = y1
# 如果 x 小于 y，交换 x 和 y 的值
if x<y:
    t = x
    x = y
    y = t
r = x % y
# 下面采用“辗转相除法”求最大公约数
```

```
while r != 0:
    x = y
    y = r
    r = x % y
print(x1, " 和 ", y1, "的最大公约数为: ", y)
```

程序执行结果如下：

```
请输入第1个正整数: 12
请输入第2个正整数: 9
12 和 9 的最大公约数为: 3
```

■4.3.2 for循环语句

for循环语句是常用的循环语句，通常应用于已经知道循环次数的情况下，它的语法格式如下：

```
for 循环变量 in 序列:
    语句块
```

其中，循环变量用于保存从序列中取出的值，序列主要包括列表、元组、序列、字符串等任何有序的对象，被执行的语句块也称为“循环体”。具体流程如图4-5所示。

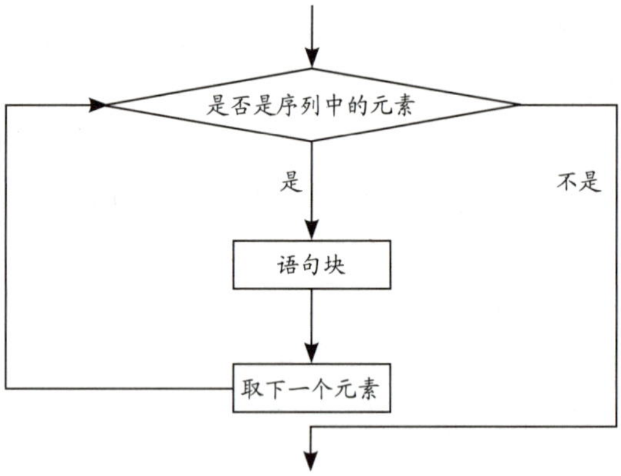

图 4-5　for 循环语句流程图

【例4-9】for语句应用示例1。

功能描述：使用for语句计算1~100之间的整数之和。

程序源代码如下：

```
# test_for1.py
sum = 0
for i in range(1,101):
```

```
    sum = sum + i
print(sum)
```

程序执行结果如下：

```
5050
```

上面代码中使用了Python的内置函数range( )函数生成一个1～100的整数序列。该函数的基本语法如下：

```
range(start, stop[, step])
```

其中，start表示序列起始值，此值可以省略，省略时默认为0；stop表示序列终止值，不包括该值，即生成的序列中最大值为stop-1；step表示序列步长（默认为1），此值可以省略。start、stop、step均为整数类型。

例如，range(5)生成的是0～4的整数序列；range(1, 5)中指定起始值为1，生成的是1～4的整数序列；range(1, 10, 2)中指定了起始值为1，步长为2，生成的是一个包含1~9的奇数序列。示例代码如下：

```
>>> list(range(5))
[0, 1, 2, 3, 4]
>>> list(range(1,5))
[1, 2, 3, 4]
>>> list(range(1,10,2))
[1, 3, 5, 7, 9]
```

上面代码中使用了Python的内置函数list()把序列转换成了列表，以便于输出结果。

【例4-10】for语句应用示例2。

功能描述：使用for语句遍历一个字符串。

程序源代码如下：

```
# test_for2.py
strings = input("请输入一个字符串：")
for s in strings:
    print(s)
```

程序执行结果如下：

```
请输入一个字符串：Python
P
y
```

```
t
h
o
n
```

■4.3.3 循环嵌套

Python语言允许在一个循环体里嵌入另外一个完整的循环语句，而在内部的循环语句中还可以嵌入其他循环语句，这就是循环嵌套。

循环嵌套比较复杂，for循环可以嵌套，while循环也可以嵌套，而且它们之间还可以互相嵌套。

1. for循环嵌套

for循环中还可以嵌套for循环，它的语法格式如下：

```
for 循环变量1 in 序列1:
  for 循环变量2 in 序列2:
      语句块 2
  语句块1
```

在for循环嵌套中，每执行一次外层的for循环，就需要将内层的for循环全部执行一遍。需要注意的是，内层循环是用缩进来表示的。

【例4-11】for循环嵌套示例。

功能描述：使用for循环嵌套输出九九乘法表。

程序源代码如下：

```
# test_nest_for.py
for i in range(1,10):
  for j in range(1,i+1):
    product = i * j
    print('%d × %d=%d' % (i, j, product), end="\t")
print()
```

程序执行结果如下：

```
1 × 1=1
2 × 1=2  2 × 2=4
3 × 1=3  3 × 2=6  3 × 3=9
4 × 1=4  4 × 2=8  4 × 3=12  4 × 4=16
5 × 1=5  5 × 2=10  5 × 3=15  5 × 4=20  5 × 5=25
```

```
6× 1=6 6× 2=12 6× 3=18 6× 4=24 6× 5=30 6× 6=36
7× 1=7 7× 2=14 7× 3=21 7× 4=28 7× 5=35 7× 6=42 7× 7=49
8× 1=8 8× 2=16 8× 3=24 8× 4=32 8× 5=40 8× 6=48 8× 7=56 8× 8=64
9× 1=9 9× 2=18 9× 3=27 9× 4=36 9× 5=45 9× 6=54 9× 7=63 9× 8=72 9× 9=81
```

2. while 循环嵌套

while循环中也可以嵌套while循环，它的语法格式如下：

```
while 表达式1:
    while 表达式2:
        语句块 2
    语句块1
```

在while循环嵌套中，每执行一次外层的循环，就要将内层的循环全部执行一遍。需要注意的是，内层循环是用缩进来表示的。

【例4-12】while循环嵌套示例。

功能描述：使用嵌套while循环输出由星号（ * ）组成的倒三角形。

程序源代码如下：

```
# test_nest_ while.py
line = int(input("请输入行数： "))
while line > 0:
    i = line
    while i > 0:
        print("*", end=" ")
        i = i - 1
    print()
    line = line - 1
```

程序执行结果如下：

```
请输入行数： 7
* * * * * * *
* * * * * *
* * * * *
* * * *
* * *
* *
*
```

3. 在while循环中嵌套for循环

while循环中还可以嵌套for循环，它的语法格式如下：

```
while 表达式:
    for 循环变量 in 序列:
        语句块2
    语句块1
```

在while循环中嵌套for循环，意味着每执行一次外层while循环，就要将内层的for循环全部执行一遍。

【例4-13】while循环中嵌套for循环示例。

功能描述：通过在while循环中嵌套for循环的方式输出由星号（*）构成的正方形。

程序源代码如下：

```
# test_while_for.py
num = int(input("请输入正方形的每条边中包含的 * 个数: "))
i = 0
while i < num:
    for j in range(0, num):
        print('*', end = "  ")
    print()
    i = i + 1
```

程序执行结果如下：

```
请输入正方形的每条边中包含的 * 个数: 5
*  *  *  *  *
*  *  *  *  *
*  *  *  *  *
*  *  *  *  *
*  *  *  *  *
```

4. 在for循环中嵌套while循环

for循环中也可以嵌套while循环，它的语法格式如下：

```
for 循环变量 in 序列:
    while 表达式:
        语句块2
    语句块1
```

在for循环中嵌套while循环，意味着每执行一次外层for循环，就要将内层的while循环全部执行一遍。

【例4-14】for循环中嵌套while循环示例。

功能描述：通过在for循环中嵌套while循环的方式输出字符串中的每个字符，要求每个字符输出3次，然后换行。

程序源代码如下：

```
# test_for_while.py
s1 = input("请输入一个字符串：")
for c1 in s1:
    count = 0
    while count < 3:
        print(c1, end = " ")
        count += 1
    print()
```

程序执行结果如下：

```
请输入一个字符串：abcd
a a a
b b b
c c c
d d d
```

4.3.4 循环控制

循环控制用于实现在程序执行过程中的流程转移（跳转），常用的跳转语句包括break语句、continue语句和pass语句。

1. break语句

break语句用于强制终止循环，跳出当前循环体。如果break语句出现在嵌套循环的内层循环时，它会跳出内层循环体，继续执行外层的循环。

（1）跳出while循环

使用break跳出while循环的常见形式如下：

```
while 表达式1:
    语句块
    if 表达式2:
        break
```

【例4-15】使用break跳出while循环示例。

功能描述：利用break跳出while循环。

程序源代码如下：

```
# test_break_while.py
i = 1
result = 0
while i<10:
  result = result + i
  print("i 的值是: " , i)
  i += 1
  if result > 10:  # 当result > 10时，结束循环
    break
```

程序执行结果如下：

```
i 的值是:  1
i 的值是:  2
i 的值是:  3
i 的值是:  4
i 的值是:  5
```

从执行结果可以发现，循环执行5次后，就退出循环了。

（2）跳出for循环

使用break跳出for循环的常见形式如下：

```
for 循环变量 in 序列:
    语句块
    if 表达式:
      break
```

【例4-16】使用break跳出for循环示例。

功能描述：利用break跳出for循环。

程序源代码如下：

```
# test_break_for.py
for i in range(1,10):
  print("i 的值是: " , i)
  if i %7 == 0:  # 当 i 能够被7整除时，结束循环
    break
```

程序执行结果如下：

```
i 的值是： 1
i 的值是： 2
i 的值是： 3
i 的值是： 4
i 的值是： 5
i 的值是： 6
i 的值是： 7
```

从执行结果可以发现，循环执行7次后，就退出循环了。

2. continue语句

break语句是强制终止循环，跳出当前循环体，而continue语句是跳出本次循环，也就是说，程序执行continue语句后，会跳过当前循环的剩余语句，继续下一轮循环。

（1）在while循环中使用continue语句

在while循环中使用continue语句的常见形式如下：

```
while 表达式1:
    语句块
    if 表达式2:
        continue
```

【例4-17】在while循环中使用continue语句示例。

功能描述：在while循环中使用continue语句。

程序源代码如下：

```
# test_continue_while.py
i = 0
while i < 10:
    i = i + 1
    if i % 3 == 0:
        continue
    print("%d 不能被3整除 " % i)
```

程序执行结果如下：

```
1 不能被3整除
2 不能被3整除
4 不能被3整除
5 不能被3整除
```

```
7 不能被3整除
8 不能被3整除
10 不能被3整除
```

从执行结果可以发现，当循环执行到i是3的整数倍时，程序便跳出本次循环，不再执行后面的打印信息的操作。

（2）在for循环中使用continue语句

在for循环中使用continue语句的常见形式如下：

```
for 循环变量 in 序列:
    语句块
    if 表达式:
        continue
```

【例4-18】在for循环中使用continue语句示例。

功能描述：在for循环中使用continue语句。

程序源代码如下：

```
# test_continue_for.py
for i in range(1,10):
   if i %3 == 0:  # 当 i 能够被3整除时，结束本次循环
      continue
   print("i 的值是: ", i)
```

程序执行结果如下：

```
i 的值是:  1
i 的值是:  2
i 的值是:  4
i 的值是:  5
i 的值是:  7
i 的值是:  8
```

从执行结果可以发现，当循环执行到i是3的整数倍时，程序便跳出本次循环，不再执行后面的打印信息的操作。

3. pass语句

在Python语言中，pass语句用于表示空操作，它不做任何动作，通常用作占位符，以便在语法上保持代码结构的完整性，尤其是在尚未实现具体功能但需要先定义函数或控制结构的情况下。由于Python语言使用缩进来定义代码块，而不是像很多其他语言那样使用花括号{}来表

示代码块，因此在需要编写代码块但暂时没有代码内容时，可以使用pass语句作为占位符，以避免语法错误，也方便以后再开发代码。

【例4-19】pass语句示例。

功能描述：在循环语句中使用pass语句。

程序源代码如下：

```
# test_pass.py
i = 1
while i<=10:
  if i % 2 == 0:
    print("i 的值是：", i)
  else:
    pass  # i不是偶数时，应用pass语句占个位置，方便以后补充代码
  i = i + 1
```

程序执行结果如下：

```
i 的值是： 2
i 的值是： 4
i 的值是： 6
i 的值是： 8
i 的值是： 10
```

从执行结果可以发现，当循环变量为偶数时，执行打印信息的操作，为奇数时则不做任何处理。

4.4 流程控制综合实例

【例4-20】遍历从键盘输入的字符串，检测该字符串是否包含下画线，如果包含下画线，则输出下画线所在的位置。

程序源代码如下：

```
# comprehensive_ex1.py
s1 = input("请输入一个字符串：")
i = 0
for c1 in s1:
  i = i + 1
  if c1=="_":
    print("下画线所在位置：", i)
```

程序执行结果如下：

```
请输入一个字符串：name_张三，gender_男，age_21
下画所在位置线：  5
下画线所在位置：  15
下画线所在位置：  21
```

【例4-21】统计2～20之间的素数并输出。

程序源代码如下：

```
# comprehensive_ex2.py
i = 0
for j in range(2,21):
    flag = 1
    k = int (j / 2) ;
    for i in range(2, k ):
        if  j % i == 0:
            flag = 0
    if flag == 1:
        print("%d 是素数:  " % j )
```

程序执行结果如下：

```
2 是素数:
3 是素数:
5 是素数:
7 是素数:
11 是素数:
13 是素数:
17 是素数:
19 是素数:
```

【例4-22】输出斐波那契数列的前10项，该数列的第1项和第2项为1，从第3项开始，每一项是其前面两项之和，即1, 1, 2, 3, 5, 8, …。

程序源代码如下：

```
# comprehensive_ex3.py
f1 = 1
f2 = 1
print("1: ", f1)
print("2: ", f2)
```

```
for i  in range(3,11):
    f3 = f1 + f2  #递推公式
    print(i , ": ", f3)
    f1 = f2
    f2 = f3
```

程序执行结果如下：

```
1: 1
2: 1
3 : 2
4 : 3
5 : 5
6 : 8
7 : 13
8 : 21
9 : 34
10 : 55
```

课后作业

练习1：通过键盘输入一个整数，并判断该整数能否被7整除。

练习2：通过键盘输入成绩，并判断是否及格（成绩范围必须在0～100之间，否则输出输入错误提示信息）。

练习3：企业根据利润发放提成奖金，利润低于或等于10万元时，奖金可提10%；利润高于10万元但低于20万元时，低于10万元的部分按10%提成，高于10万元的部分可提成7.5%；利润在20万到40万之间时，高于20万元的部分可提成5%；利润在40万到60万之间时，高于40万元的部分可提成3%；利润在60万到100万之间时，高于60万元的部分可提成1.5%，利润高于100万元时，超过100万元的部分按1%提成。从键盘输入当月利润，求应发放奖金总数，并输出结果。

第5章

复合数据类型

内容概要

在Python语言中，序列是一种非常常见的数据结构，它指的是一块可以存放多个值的连续内存空间，这些值按照一定的顺序排列，可以通过每个值所在的位置编号来访问它们。Python提供了几种主要的序列类型，包括列表（list）、元组（tuple）、字典、集合、字符串（String）和范围（range）等。序列在实际开发中是非常有用的，它可以实现高效的数据存储与管理。

数字资源

【本章源代码】："源代码\第5章"目录下

5.1 列表

列表是Python中最重要、最有用的数据类型之一。列表是由多个值组成的可变序列，这些值通常称为元素或项。在形式上，所有元素被放在一对方括号（[]）中，元素之间用逗号（,）分隔开。在内容上，列表中的元素可以是任何类型，并且在同一列表中，元素类型也可以不同。由此可见，Python中的列表是十分灵活的。

5.1.1 列表的创建和删除

1. 创建列表

Python提供了多种创建列表的方法，主要有通过[]直接创建、通过list()函数创建、通过range()函数创建数值列表等，还有一种较复杂的创建方法——列表推导式方法。

（1）使用[]创建列表

通过方括号[]创建列表，列表中的元素类型可以相同，也可以不同，但为了提高程序的可读性，建议列表中的元素都是同一种类型。具体示例如下：

```
list1 = []                              #创建一个空列表
list2 = ["Python","Java","C"]           #元素都是字符串类型
list3 = [1,2,3,4]                       #元素都是数值类型
list4 = [20,"郑州轻工业大学","小明"]      #元素为混合类型
list5 = [[1,2,3],["a","b","c"]]         #元素为列表类型
```

（2）通过list()函数创建列表

通过list()函数可以将任何可迭代的数据转化成列表。具体示例如下：

```
>>> list1 = list()              #创建空列表
>>> print(list1)
[]
>>> list2 = list("Python")      #将字符串转换成列表
>>> print(list2)
['P', 'y', 't', 'h', 'o', 'n']
```


（3）通过range()函数创建数值列表

通过range()函数可以很方便地创建数值列表，这在实际开发中很常用。range()函数的语法格式如下：

```
range([start,] end [,step])
```

其中，参数start：可选，表示起始数字，默认为0；参数end：必选，表示结尾数字；参数step：可选，表示步长，默认为1。

python 3中range()函数返回的是一个range对象，而不是列表，还需要通过list()函数将其转换成列表对象。具体示例如下：

```
>>> list(range(1,10,2))
[1, 3, 5, 7, 9]
```

该语句创建了一个包含10以内的所有奇数的列表。

```
>>> list(range(10,1,-2))
[10, 8, 6, 4, 2]
```

该语句创建了一个包含10到2之间所有偶数的列表。

```
>>> list(range(1,5))
[1, 2, 3, 4]
```

该语句创建了一个包含1～4的整数列表。

（4）推导式生成列表

使用列表推导式可以非常方便地创建列表，这是Python程序开发时常用的技术。列表推导式的语法格式如下：

```
[表达式 for 迭代变量 in 可迭代对象 [if 条件表达式]]
```

其中，各部分具体含义如下：

- 表达式：是对迭代变量进行的操作或者计算。
- 迭代变量：是从可迭代对象中取出的每一个元素。
- 可迭代对象：是一个可迭代对象，如列表、元组、字符串、字典、集合或生成器等。
- if 条件表达式：可选的，只有满足条件的元素才会被包含到最后的列表中。

例如：

①生成一个包含1～10的平方的列表。

```
>>> squares = [x**2 for x in range(1, 11)]
>>> squares
[1, 4, 9, 16, 25, 36, 49, 64, 81, 100]
```

②生成一个包含1～10之间所有偶数的列表。

```
>>> even_numbers = [x for x in range(1, 11) if x % 2 == 0]
>>> even_numbers
[2, 4, 6, 8, 10]
```

③使用列表推导式实现嵌套列表的平铺。

```
>>> matrix = [[1, 2, 3], [4, 5, 6], [7, 8, 9]]
```

```
>>> flattened = [x for row in matrix for x in row]
>>> flattened
[1, 2, 3, 4, 5, 6, 7, 8, 9]
```

通过以上例子可以看出，列表推导式提供了一种简洁而强大的方式来创建列表，并且可以在一行代码中完成复杂的逻辑。然而，需要注意的是，尽管列表推导式在某些情况下可以使代码更简洁，但如果逻辑过于复杂，可能会降低代码的可读性。在这种情况下，使用传统的循环和条件语句可能更为合适。

2. 删除列表

当一个列表不再需要使用时，可以使用del命令删除整个列表。如果列表对象所指向的值不再被其他任何对象引用，Python将自动删除这些值以释放内存资源。例如：

```
>>> zzuli = ["为之则易","不为则难"]
>>> del zzuli
>>> zzuli
Traceback (most recent call last):
  File "<pyshell#11>", line 1, in <module>
    zzuli
NameError: name 'zzuli' is not defined
```

如上述代码所示，删除列表对象zzuli之后，再次访问该对象则抛出异常，因为该对象已经不存在了。

■5.1.2 列表元素的访问和计数

1. 通过索引直接访问

可以通过索引（或称下标）直接访问列表中的元素。索引的区间在[0, 列表长度-1]这个范围，超过这个范围则会抛出下标越界异常。例如：

```
>>> my_list = ['apple', 'banana', 'cherry', 'date']
>>> my_list[2]
'cherry'
>>> my_list[4]
Traceback (most recent call last):
  File "<pyshell#14>", line 1, in <module>
    my_list[4]
IndexError: list index out of range
```

列表元素的索引也可以从尾部开始算起，此时最后一个元素的索引为-1，倒数第2个元素的索引为-2，依次类推。因此访问元素也可以用负的索引值。例如：

```
>>> list = [1,2,3,4,5]
>>> list[-1]
5
>>> list[-5]
1
>>> list[-6]
Traceback (most recent call last):
  File "<pyshell#18>", line 1, in <module>
    list[-6]
IndexError: list index out of range
```

2. 使用index()方法获取指定元素在列表中首次出现的下标

可以使用列表对象的index()方法来获取指定元素首次出现的位置，index()的语法格式如下：

```
index(value,[start,[end]])
```

其中，start和end指定了搜索的范围，start默认为0，end默认为列表长度。若列表中不存在指定元素value，则会抛出异常。例如：

```
>>> a = [10,20,30,40,50,20,30,20,30]
>>> a.index(20)
1
>>> a.index(20,3)        #从索引3开始往后搜索第1个20出现的位置
5
>>> a.index(30,5,7)      #从索引5到7这个区间搜索元素30第1次出现的位置
6
>>> a.index(80)          #列表中不存在80，抛出异常
Traceback (most recent call last):
  File "<pyshell#27>", line 1, in <module>
    a.index(80)
ValueError: 80 is not in list
```

3. 获取指定元素出现的次数

可以使用列表对象的count()方法返回指定元素在列表中出现的次数。例如：

```
>>> list = [10,20,30,40,50,20,30,20,30]
>>> list.count(20)
3
>>> list.count(5)
0
```

■5.1.3 列表元素的添加、删除和修改

当列表添加或删除元素时，列表会自动进行内存管理，这大大减轻了程序员的负担，但这个特点涉及列表元素的大量移动，效率较低。除非必要，一般情况下，只在列表的尾部添加或删除元素，这会大幅提高列表的操作效率。

1. 列表元素的添加

Python主要提供了5种添加元素的方法。

（1）append()方法

append()方法是在列表尾部追加元素。该方法速度最快，推荐使用此方法添加列表元素。例如：

```
>>> list = [20,40]
>>> list.append(80)
>>> list
[20, 40, 80]
```

（2）“+”运算符

可以使用“+”运算符把元素添加到列表中。这种方式并不是真正地在尾部添加元素，而是创建新的列表对象，并将原列表的元素和新列表的元素依次复制到新的列表对象中。这种方式会涉及大量的复制操作，当操作大量元素时，应尽量避免使用此方式。例如：

```
>>> list = [20,40]
>>> id(list)
56936328
>>> list = list+[50]
>>> list
[20, 40, 50]
>>> id(list)
8817040
```

通过上述代码的显示结果可以看出，变量list的地址发生了变化，“+”运算后的list已不是运算前的list，而是新创建的一个列表对象。

（3）extend()方法

列表对象的extend()方法可以将一个列表中的全部元素添加到另一个列表中，属于在原列表上操作，不创建新的对象。例如：

```
>>> list1 = [1,2,3,4]
>>> list2 = [5,6,7]
>>> id(list1)
16766216
```

```
>>> list1.extend(list2)
>>> list1
[1, 2, 3, 4, 5, 6, 7]
>>> id(list1)
16766216
```

（4）insert()方法

使用insert()方法可以将指定的元素插入到列表对象的任意指定位置。该方法会让插入位置后面的所有元素都进行移动，因而会影响处理速度。当列表中涉及大量元素时，应尽量避免使用此方法。例如：

```
>>> list = [10,20,30]
>>> list.insert(2,50)
>>> list
[10, 20, 50, 30]
```

（5）乘法扩展

使用乘法扩展列表可以生成一个新列表，新列表元素是原列表元素的多次重复。例如：

```
>>> list1 = [1,2,3]
>>> list2 = list1*3
>>> list2
[1, 2, 3, 1, 2, 3, 1, 2, 3]
```

2. 列表元素的删除

删除元素主要有两种方式：一种是根据索引删除，另一种是根据元素值删除。

（1）根据索引删除

删除列表中的指定元素和删除列表类似，也可以使用del语句实现。例如：

```
>>> list = [1,3,4,4,5,6]
>>> del list[2]
>>> list
[1, 3, 4, 5, 6]
>>> del list[-2]
>>> list
[1, 3, 4, 6]
```

pop()方法也可以用来删除并返回指定元素，如果未指定位置则默认删除操作列表中最后一个元素，例如：

```
>>> list = [2,3,4,5]
```

```
>>> list.pop()
5
>>> list
[2, 3, 4]
>>> list.pop(1)
3
>>> list
[2, 4]
```

（2）根据元素值删除

remove()方法用于删除列表对象中首次出现的指定元素，若指定元素不存在则抛出异常。例如：

```
>>> list = [10,20,30,40,20,30]
>>> list.remove(30)
>>> list
[10, 20, 40, 20, 30]
>>> list.remove(50)
Traceback (most recent call last):
  File "<pyshell#4>", line 1, in <module>
    list.remove(50)
ValueError: list.remove(x): x not in list
```

3. 列表元素的修改

修改列表中的元素只需要通过索引获取该元素，再为其重新赋值即可。例如：

```
>>> list = [10,20,40,40]
>>> list[2] = 30
>>> list
[10, 20, 30, 40]
```

5.1.4 列表的遍历

遍历列表中的所有元素是一种常见操作，在遍历的过程中可以完成查询、处理等功能。Python中遍历列表的方法有多种，此处重点介绍两种。

1. 直接使用for循环遍历

语法格式如下：

```
for item in listname:
    print(item)
```

其中，item用于保存获取到的元素值，listname为列表对象。

例如：定义一个保存2024年热门旅游城市排行前五的城市，然后利用for循环遍历列表输出城市名字。代码如下：

```
cities = ['北京','上海','成都','西安','三亚']
print("2024年全国热门旅游城市排行榜top5:")
for city in cities:
    print(city)
```

运行上述代码，运行结果如下：

```
2024年全国热门旅游城市排行榜top5:
北京
上海
成都
西安
三亚
```

2. 使用for循环和enumerate()函数实现

使用for循环和enumerate()函数可以实现同时输出索引值和元素内容，语法格式如下：

```
for index,item in enumerate(list):
    print(index,item)
```

其中，index用于保存元素的索引，item保存获取到的元素，list是要遍历的列表对象。例如：

```
cities = ['北京','上海','成都','西安','三亚']
print("2024年全国热门旅游城市排行榜top5:")
for index,item in enumerate(cities):
    print(index+1,item)
```

执行上述代码，结果如下：

```
2024年全国热门旅游城市排行榜top5:
1 北京
2 上海
3 成都
4 西安
5 三亚
```

■5.1.5 列表的排序

在实际开发中，经常需要对列表中的元素进行排序，这可以通过Python提供的内置函数sort()方法来实现，该方法对列表进行原地排序，不会生成新的列表对象。其语法格式如下：

```
list.sort(key=key_func,reverse=True | False)
```

其中，list是要排序的列表对象；参数key可选，可以指定一个函数key_func，该函数返回一个可以用来比较的值，以该函数的值作为比较的元素，默认值为None，此时使用列表元素自身的值进行排序；reverse也是一个可选参数，如果设置为True，那么列表会按降序排序，如果设置为False（默认值），那么列表会按升序排序。

例如：

```
>>> score_list = [56,78,45,80,95]
>>> score_list.sort()
>>> score_list
[45, 56, 78, 80, 95]
>>> score_list.sort(reverse=True)
>>> score_list
[95, 80, 78, 56, 45]
```

通过Python内置的全局方法sorted()也可以对列表元素进行排序，但该方法会产生一个新的列表对象，而原列表的顺序不会发生变化。sorted()的语法格式如下：

```
sorted(iterable, key=key_func, reverse=True | False)
```

其中，iterable代表可迭代对象，如列表、元组等；key是一个可选参数，用于指定一个函数，该函数将用于在比较元素时提取比较键，默认值为None，表示使用元素本身的值进行比较；reverse也是一个可选参数，用于指定排序的顺序，如果为True，则元素以降序排序，如果为False或未指定，则元素将以升序排序，默认值为False。例如：

```
>>> age = [45,16,44,7]
>>> age_asc = sorted(age)      #对列表升序排序
>>> age_asc
[7, 16, 44, 45]
>>> age                        #原列表顺序不变
[45, 16, 44, 7]
>>> age_desc = sorted(age,reverse=True)  #对列表降序排序
>>> age_desc
[45, 44, 16, 7]
>>> age                        #原列表顺序不变
[45, 16, 44, 7]
```

5.1.6 成员资格判断

如果要判断一个指定的值是否在列表中，可以使用count()方法。如果指定的值存在于列表中，则count()会返回一个大于0的值，如果不存在于列表中会返回0；或者使用更加简洁的in和not in关键字来判断一个指定的值是否在列表中，返回结果为True或者False。例如：

```
>>> list1 = [3,6,2,5,8,9]
>>> 2 in list1
True
>>> 4 in list1
False
>>> 4 not in list1
True
>>> list2 = [[1,3],[2],[5]]
>>> 2 in list2
False
>>> [2] in list2
True
```

关键字in和not in也可以用于其他可迭代对象，包括元组、字典、range对象、字符串和集合等，它们常用在循环语句中以实现对序列或其他可迭代对象的遍历。这种遍历方式可以简化代码，提高程序的可读性。

5.1.7 切片操作

切片是Python序列的重要操作之一，适用于列表、元组、字符串、range对象等类型。切片操作可以从序列中截取部分元素组成新的序列，且不会使原序列发生变化，还可以使用切片来修改和删除列表中的部分元素，甚至可以通过切片操作为列表对象增加元素。切片操作的基本语法如下：

```
sequence[start:stop:step]
```

其中，sequence是要进行切片操作的序列对象；start是切片的起始索引（包含此元素），如果省略则默认为0；stop是切片的结束索引（不包含此元素），如果省略则默认为序列的长度；step是切片的步长，如果省略则默认为1。

另外，切片操作不会因为下标越界产生异常，而是简单地在列表末尾截断或者返回一个空列表。例如：

```
>>> list = [0,1,2,3,4,5,6,7,8,9]
>>> slice1 = list[::]   #获取列表全部元素
>>> slice1
[0, 1, 2, 3, 4, 5, 6, 7, 8, 9]
```

```
>>> slice2 = list[1:5] #从索引1的位置开始，取到索引5（不包含）的位置，步长为1
>>> slice2
[1, 2, 3, 4]
>>> slice3 = list[2:] #从索引2的位置开始，取到列表尾部，步长为1
>>> slice3
[2, 3, 4, 5, 6, 7, 8, 9]
>>> slice4 = list[::2] #从索引0的位置开始，取到列表尾部，步长为2
>>> slice4
[0, 2, 4, 6, 8]
>>> slice5 = list[::-1] #从尾取到头，逆向获取列表元素
>>> slice5
[9, 8, 7, 6, 5, 4, 3, 2, 1, 0]
>>> slice6 = list[0:20:1] #从索引0的位置开始，取到索引20的位置，步长为1
>>> slice6
[0, 1, 2, 3, 4, 5, 6, 7, 8, 9]
>>> slice7 = list[100:] #从索引100的位置开始，不存在元素，返回空列表
>>> slice7
[]
```

利用切片操作还可以快速实现其他一些功能，如原地修改列表内容，列表元素的添加、删除、修改、查找以及元素替换等操作都可以通过切片来实现，并且不会改变列表对象的内存地址。例如：

```
>>> list = [0,1,2,3,4,5,6,7,8,9]
>>> list[1:5] = [10,20,30,40]
>>> list
[0, 10, 20, 30, 40, 5, 6, 7, 8, 9]
>>> del list[1:5]
>>> list
[0, 5, 6, 7, 8, 9]
```

5.2 元组

元组是Python中另一个重要的序列结构，与列表相似，它也是由一系列按特定顺序排列的元素组成。但是元组是一种不可变的序列类型，也可以称元组为不可变的列表，因此元组没有添加元素、修改元素、删除元素相关的方法。

形式上，元组的所有元素都放在一对圆括号中，两个相邻元素间使用逗号分隔。内容上，可以将整数、浮点数、字符串、列表、元组等任何类型的内容放入元组，并且同一个元组中元素的类型可以不同，因为它们之间没有相互关系。

■5.2.1 元组的创建和删除

1. 使用（ ）直接创建元组

创建元组和创建列表的方法相似，使用圆括号就可以创建元组，只需要在圆括号中添加元素且元素间使用逗号分隔开即可，也可以省略圆括号。如果元组只有一个元素，则必须后面加逗号，否则括号会被当作运算符使用。例如：

```
>>> atuple = (1,'hello',2)
>>> atuple
(1, 'hello', 2)
>>> atuple = (1)   #不是元组
>>> type(atuple)
<class 'int'>
>>> atuple = (1,)  #是包含一个元素的元组
>>> type(atuple)
<class 'tuple'>
>>> atuple = 1,2,3
>>> atuple
(1, 2, 3)
```

2. 通过tuple()函数创建元组

通过列表的创建可知，通过list()函数可以接收元组、字符串、其他序列类型、迭代器等生成列表。对于元组来说，通过tuple()函数可以接收列表、字符串、其他序列类型、迭代器等生成元组，语法格式如下：

```
tuple(可迭代对象)
```

例如：

```
>>> a = tuple()  #创建一个空元组
>>> a = tuple('abc') #把字符串转换为元组
>>> a
('a', 'b', 'c')
>>> a = tuple(range(5)) #把range()函数循环出来的结果转换为数值元组
>>> a
(0, 1, 2, 3, 4)
>>> a = tuple([1,2,3])  #把列表转换为元组
>>> a
(1, 2, 3)
```

3. 删除元组

对于已经存在的元组，如果不需要再使用，可以使用del语句将其删除，语法格式如下：

```
del tuplename
```

其中，tuplename是要删除的元组名。

例如：

```
>>> a = ('李白','杜甫','王维','白居易')
>>> del a
>>> a      #此时会抛出NameError: name 'a' is not defined.
```

在实际开发中，del语句并不常用，因为Python自带的垃圾回收机制会自动销毁不用的元组。

5.2.2 元组的元素访问和排序

1. 元组元素的访问

在Python中，最常见的对元组的遍历操作是输出元素的内容，直接使用print()函数即可。例如：

```
>>> a = ('李白','杜甫','王维','白居易')
>>> print(a)
('李白', '杜甫', '王维', '白居易')
```

从上面的代码可以看出，在输出元组时，会把括号也输出。如果想输出指定元素，可以通过元素的索引获取指定元素进行输出。例如，要将上述元组a中索引值为2的元素输出，可以使用如下代码：

```
>>> print(a[2])
王维
```

从上面代码的执行结果可以看出，在输出单个元素时，不会包括圆括号；如果元素是字符串，还不包括其左右的引号。

另外，对于元组也可以采用切片方式获取指定的一系列元素，例如：

```
>>> b = (10,20,30,93,6,9)
>>> b[1:3]
(20, 30)
>>> b[:3]
(10, 20, 30)
```

和列表一样，元组也可以使用for循环进行遍历。例如：

```
>>> a = ('李白','杜甫','王维','白居易')
```

```
>>> for name in a:
        print(name,end=' ')
李白 杜甫 王维 白居易
```

2. 元组的排序

列表关于排序的方法sort()是修改原列表对象，元组没有与此对应的方法。如果要对元组排序，只能使用内置函数sorted(tupleObj)，并生成新的列表对象。例如：

```
>>> a = (20,10,30,9,8)
>>> b = sorted(a)
>>> b
[8, 9, 10, 20, 30]
```

■5.2.3 序列解包

Python中的序列解包（sequence unpacking）是指将一个序列（如列表、元组等）中的元素分解成独立变量，这在处理具有固定数量元素的序列时特别有用。序列解包功能强大，且使用灵活方便，常用于赋值操作，可实现同时给多个变量赋值，使程序更加简洁和易读。

以下是序列解包的一些基本示例。

1. 元组解包

```
>>> t=(1,2,3)   #定义一个元组
>>> a,b,c = t   #解包元组到单独的变量
>>> a
1
>>> b
2
>>> c
3
```

2. 列表解包

```
>>> list = [4,5,6]  #定义一个列表
>>> x,y,z = list    #解包列表到单独的变量
>>> x
4
>>> y
5
>>> z
6
```

■5.2.4 生成器推导式

从形式上看，生成器推导式与列表推导式类似，只不过生成器推导式使用圆括号。列表推导式直接生成一个列表对象，而生成器推导式生成的既不是列表也不是元组，而是一个生成器对象。可以将生成器对象转化成列表或者元组，也可以使用生成器对象的__next__()方法进行遍历，或者直接将其作为迭代器对象来使用。无论采用哪种方式，当元素访问结束后，如果需要重新访问生成器对象中的元素，必须重新创建该生成器对象。例如：

```
>>> t = (x**2 for x in range(6))  #生成器推导式
>>> t
<generator object <genexpr> at 0x03FB7D30>
>>> tuple(t)
(0, 1, 4, 9, 16, 25)
>>> list(t)
[]
>>> t
<generator object <genexpr> at 0x03FB7D30>
>>> tuple(t)
()
>>> t = (x**2 for x in range(6))
>>> t.__next__()
0
>>> t.__next__()
1
>>> t.__next__()
4
```

■5.2.5 元组与列表的区别

列表与元组均为序列类型，有很多相同之处。例如，都具有索引和切片，都可以进行相加和重复操作，也都能判断成员归属等。但两者也有明显的区别，主要体现在以下几个方面。

- **可变性：**列表是可变的，这意味着可以修改、添加或删除列表中的元素。而元组是不可变的，一旦元组被创建，就不能修改它。这意味着元组中的元素在创建后就不能更改，因此元组非常适合用作不可变的数据结构。
- **语法：**列表用方括号表示，而元组用圆括号表示，且在创建只有一个元素的元组时，需要在元素后面加上逗号。
- **方法：**由于列表是可变的，Python提供了许多用于操作列表的方法，如append()、extend()、insert()、remove()和pop()等。而元组没有这些方法，因为它是不可变的。
- **用途：**列表是可变的，通常被用于需要频繁修改的数据结构。而元组由于其不可变性，通常用于表示不应该被修改的数据，如一组常数或一行记录。

- **性能：**由于元组是不可变的，Python可以在一些情况下对其进行优化，因此元组的访问和处理速度通常比列表快。
- **用作字典键：**列表不能用作字典的键，因为列表是可变的，它的值可能会改变。而元组可以用作字典的键，因为元组是不可变的，可以用作唯一标识符。

总的来说，列表和元组在Python中各有其用途和优势，具体选择使用哪种数据结构取决于实际需求。例如，可根据是否需要修改数据结构、是否需要快速访问和处理数据等具体情况选择使用列表或者元组。

5.3 字典

字典是一种无序的可变序列，由键值对组成。在字典中，每个元素都是一个键值对，包含“键”和“值”两部分。每个元素的“键”和“值”用冒号分隔，相邻元素之间则用逗号分隔，所有元素放在一对花括号中。

在列表中，通过下标数字访问对应的对象，而在字典中则是通过“键”找到对应的“值”。需要注意的是，“键”必须是任意不可变的数据类型，如整数、浮点数、字符串或元组等，而不能是列表、字典、集合这些可变对象，但“值”可以是任意类型的数据。另外，“键”必须是唯一的，而“值”是可重复的。

5.3.1 字典的创建和删除

1. 字典的创建

创建字典有多种方式。

（1）通过{}和内置函数dict()来创建字典对象

```
>>> p1 = {'name':'zhangsan','age':18,'hobby':'sing'}
>>> p2 = dict(name = 'zhangsan',age = 18,hobby = 'sing')
>>> p3 = dict([('name','zhangsan'),('age',18),('hobby','sing')])
>>> p4 = {}        #空的字典对象
>>> p5 = dict()    #空的字典对象
```

（2）通过zip()创建字典对象

```
>>> k = ['name','age','hobby']
>>> v = ['zhangsan',18,'sing']
>>> p = dict(zip(k,v))
>>> p
{'name': 'zhangsan', 'age': 18, 'hobby': 'sing'}
```

（3）使用字典推导式创建字典对象

与列表推导式类似，Python也支持字典推导式快速生成符合条件的字典。

例如，创建“键”为1～5的整数，“值”为键的平方的字典，代码如下：

```
>>> squar_dict = {i:i*i for i in range(1,6)}
>>> squar_dict
{1: 1, 2: 4, 3: 9, 4: 16, 5: 25}
```

例如，创建“键”为大写字母H到K，“值”为对应小写字母的字典，代码如下：

```
>>> upper = ['H','I','J','K']
>>> lower = ['h','i','j','k']
>>> dict1 = {i:j for i,j in zip(upper,lower)}
>>> dict1
{'H': 'h', 'I': 'i', 'J': 'j', 'K': 'k'}
```

2. 字典的删除

当不再需要某个字典对象时，可以使用del命令删除整个字典。例如，要删除上一页中使用zip()创建的字典对象p，可以使用如下代码：

```
>>> del p
>>> p        #p已经被删除，再访问它就会报错
Traceback (most recent call last):
  File "<pyshell#39>", line 1, in <module>
    p
NameError: name 'p' is not defined
```

5.3.2 字典元素的访问

有多种方式可以对字典中的元素进行访问，为了演示方便，此处假定一个字典对象如下：

```
p1 = {'name':'zhangsan','age':18,'hobby':'sing'}
```

1. 通过“键”获得“值”

与列表和元组类似，可以使用下标的方式来访问字典中的元素，但不同的是字典的下标是字典的“键”，若指定的“键”不存在则抛出异常。例如：

```
>>> p1['name']
'zhangsan'
>>> p1['sex']
Traceback (most recent call last):
  File "<pyshell#49>", line 1, in <module>
```

```
  p1['sex']
KeyError: 'sex'
```

2. 通过字典对象的get()方法获取指定“键”对应的“值”

这是一种更为安全的字典元素访问方式。若指定的键不存在，则返回None。另外，也可以设定一个默认返回的对象，当指定的键不存在时就使用该对象作为返回值，这是Python推荐使用的方法。例如：

```
>>> p1.get('name')
'zhangsan'
>>> p1.get('sex')          # p1中不存在键值'sex'
>>> p1.get('sex','男')     # 设置p1中不存在的键值'sex'对应的默认返回值为'男'
'男'
```

3. 列出字典中所有键值对

使用字典的items()方法可以返回字典的键值对列表，例如：

```
>> p1.items()
dict_items([('name', 'zhangsan'), ('age', 18), ('hobby', 'sing')])
```

4. 列出所有的“键”和所有的“值”

使用字典的keys()方法可以返回字典中所有“键”的列表，使用字典的values()方法可以返回字典中所有“值”的列表。例如：

```
>>> p1.keys()
dict_keys(['name', 'age', 'hobby'])
>>> p1.values()
dict_values(['zhangsan', 18, 'sing'])
```

5. 返回字典中键值对的个数

可以使用函数len()来获取字典中键值对的数量，例如：

```
>>> len(p1)
3
```

6. 检测一个指定的“键”是否在字典中

可以使用in关键字来检查字典中是否存在某个键，例如：

```
>>> 'name' in p1
True
>>> 'sex' in p1
False
```

■5.3.3 字典元素的添加、修改和删除

1. 给字典添加键值对

当以指定键为下标给字典元素赋值时，若该键存在，则表示修改该键的值；若不存在，则表示添加一个新的键值对到字典中。例如，以字典对象p1为例，代码如下：

```
>>> p1['age']=20       #修改键'age'的值
>>> p1
{'name': 'zhangsan', 'age': 20, 'hobby': 'sing'}
>>> p1['sex'] = '男'    #字典中不存在键'sex'，添加'sex': '男'键值对
>>> p1
{'name': 'zhangsan', 'age': 20, 'hobby': 'sing', 'sex': '男'}
```

2. 使用字典对象的update()方法添加或者更新元素

使用字典对象的update()方法可以将另一个字典的键值对一次性全部添加到当前字典对象中，如果两个字典中存在相同的键，则以另一个字典中的值对当前字典进行更新。例如：

```
>>> p1 = {'name':'zhangsan','age':18,'hobby':'sing'}
>>> p2 = {'name':'lisi','school':'zzuli'}
>>> p1.update(p2)
>>> p1
{'name': 'lisi', 'age': 18, 'hobby': 'sing', 'school': 'zzuli'}
```

3. 字典元素的删除

字典中元素的删除可以使用del函数，也可以使用字典对象的pop()方法删除并返回指定“键”的元素，并返回对应的“值”对象，还可以使用字典对象的popitem()方法删除并返回字典中的一个元素。popitem()方法从字典中随机删除一个键值对（在Python 3.7及以上版本中，由于字典的实现是有序的，popitem()实际上会删除并返回字典中的最后一个键值对，即最近添加的那个键值对，但官方文档仍描述为“随机”以保持接口的通用性），被删除的键值对以元组(key, value)的形式返回。使用字典对象的clear()方法可以删除所有键值对。

例如：

```
>>> p1 = {'name':'zhangsan','age':18,'hobby':'sing','sex':'男'}
>>> del(p1['sex'])
>>> p1
{'name': 'zhangsan', 'age': 18, 'hobby': 'sing'}
>>> p2 = p1.pop('age')
>>> p2
18
>>> p1
```

```
{'name': 'zhangsan', 'hobby': 'sing'}
>>> p1.popitem()
('hobby', 'sing')
>>> p1
{'name': 'zhangsan'}
```

5.3.4 序列解包

序列解包用于字典时，默认是对“键”进行操作的。如果需要对键值对操作，则需要使用字典的items()方法；如果需要对“值”进行操作，则需要使用字典的values()方法。例如：

```
>>> p1 = {'name':'zhangsan','age':18,'hobby':'sing'}
>>> name,age,hobby = p1
>>> name
'name'
>>> age
'age'
>>> hobby
'hobby'
>>> name,age,hobby = p1.items()     #给变量赋值为键值对
>>> name
('name', 'zhangsan')
>>> name,age,hobby = p1.values()    #给变量赋值为字典中的值
>>> name
'zhangsan'
```

5.3.5 字典综合实例

Python中的字典是一种非常强大的数据结构，其灵活性和易用性使其在许多场景中都非常有用。本节将介绍两个Python字典的综合实例。

【例5-1】学生成绩管理。

功能描述：利用字典存储学生的成绩信息，包括学生姓名和成绩，同时可以实现查询指定学生的成绩、计算全部学生的平均分、以列表形式输出学生信息等功能。

程序源代码如下：

```
# 5-1.py
#创建一个包含学生姓名和成绩的字典，其中名字作为键，成绩作为值
students = {
  '小红': 90,
  '小明': 85,
  '小华': 92,
```

```
    '小军':65
}
# 查找指定学生的成绩
score = students.get('小明')
print(score)
# 计算所有学生的平均分
total_score = sum(students.values())
average_score = total_score/len(students)
print(average_score)
# 将字典转换为一个列表并输出，其中列表中的每个元素是一个元组（姓名，成绩）
student_tuples = list(students.items())
print(student_tuples)
```

运行该程序，结果如下：

```
85
83.0
[('小红', 90), ('小明', 85), ('小华', 92), ('小军', 65)]
```

【例5-2】四则运算。

功能描述：输入两个数字，并输入加、减、乘、除运算符号，输出运算结果。若输入其他符号，则退出程序。

程序代码如下：

```
# 5-2.py
tup=('+','-','*','/')
while True:
    t=input('请输入运算符号，其他符号为退出程序:')
    if t not in tup:
        break
    a=float(input('请输入第1个数字:'))
    b=float(input('请输入第2个数字:'))
    dic={'+':a+b,'-':a-b,'*':a*b,'/':a/b}
    print('%s%s%s=%0.1f' %(a,t,b,dic.get(t)))
```

运行该程序，结果如下：

```
请输入运算符号，其他符号为退出程序:+
请输入第1个数字:4
请输入第2个数字:5
4.0+5.0=9.0
```

```
请输入运算符号，其他符号为退出程序:/
请输入第1个数字:15
请输入第2个数字:5
15.0/5.0=3.0
请输入运算符号，其他符号为退出程序:e
```

5.4 集合

集合与数学中集合的概念一致，是一种无序的可变序列，但元素不能有重复。集合中的元素类型只能是不可变类型，如整型、浮点型、字符串、元组等，不能是列表、字典等可变数据类型。

5.4.1 集合的创建和删除

1. 集合的创建

创建集合主要有两种方法。

（1）使用{}创建集合，并使用add()方法添加元素

例如：

```
>>> s = {2,4,6}
>>> s
{2, 4, 6}
>>> s.add(8)
>>> s
{8, 2, 4, 6}
```

（2）使用函数set()将列表、元组等可迭代对象转换成集合

注意：使用这种方法创建集合时，如果可迭代对象中存在重复的元素，则转换为集合时只保留一个。例如：

```
>>> list1 = [1,3,5]
>>> s = set(list1)
>>> s
{1, 3, 5}
>>> t1 = (2,2,4,5,5)
>>> s1 = set(t1)
>>> s1
{2, 4, 5}
```

2. 集合的删除

（1）使用del命令删除集合对象

```
>>> s = {1,2,3,4}
>>> del s
>>> s
Traceback (most recent call last):
  File "<pyshell#19>", line 1, in <module>
    s
NameError: name 's' is not defined
```

（2）用集合的remove()方法删除指定元素，用clear()方法清空集合中所有元素

注意：clear()方法只是清空集合中的元素，但集合对象仍然存在。例如：

```
>>> s = {5,6,7,8}
>>> s.remove(6)
>>> s
{8, 5, 7}
>>> s.clear()
>>> s
set()
```

5.4.2 集合的运算

集合可以参与多种运算，具体运算种类及运算说明如表5-1所示。

表 5-1 集合运算及其说明

运　　算	集合运算说明
x in S	如果x在S中，则返回True，否则返回False
S1==S2	如果S1与S2相同则返回True，否则返回False
S1<=S2或者S1.issubset(S2)	如果S1与S2相同或者S1是S2的子集则返回True，否则返回False，S1<S2可以判断S1是S2的真子集
S1>=S2或者S1.issuperset(S2)	如果S1与S2相同或者S1是S2的超集则返回True，否则返回False，S1>S2可以判断S1是S2的真超集
S1-S2或者S1.difference(S2)	差集，返回一个新集合，包含在S1中但不在S2中的元素
S1&S2或者S1.intersection(S2)	交集，返回一个新集合，包括同时在S1和S2中的元素
S1^S2或者S1.symmetric_difference(S2)	对称差集，返回一个集合，包括集合S1和S2中的元素，但不包括同时在这两个集合中的元素
S1|S2或者S1.union(S2)	并集，返回一个集合，包括S1和S2中的所有元素
S1|=S2或者S1.update(S2)	更新集合S1，将集合S2中的元素并入S1中

集合常见的运算是求并集、差集、交集等运算，结合数学中集合的概念，这些运算是很容易被理解的。例如：

```
>>> s1 = {1,2,3}
>>> s2 = {3,4,5}
>>> s3 = s1-s2
>>> s3
{1, 2}
>>> s4 = s1|s2
>>> s4
{1, 2, 3, 4, 5}
>>> s5 = s1&s2
>>> s5
{3}
>>> s6 = s1^s2
>>> s6
{1, 2, 4, 5}
>>> s1|=s2
>>> s1
{1, 2, 3, 4, 5}
```

课后作业

练习1：从键盘输入5个学生的姓名保存到一个列表中，然后随机抽出一个学生让他去打扫卫生，输出每个学生的姓名并显示今天抽到谁去打扫卫生。

❗提示：在列表中随机选择一个元素用random.choice(list)方法。

练习2：编写程序，用户输入一个列表和两个整数作为下标，然后输出列表中介于两个下标之间的元素组成的子列表。例如，用户输入[1,2,3,4,5,6]和2,5，程序输出[3,4,5]。

练习3：编写程序，生成1000个0～100之间的随机整数，并统计每个元素出现的次数。

练习4：设计一个字典，并编写程序：以用户输入内容作为键，然后输出字典中对应的值；如果用户输入的键不存在，则输出“您输入的键不存在！”的提示信息。

第6章

函数与模块

内容概要

函数是组织好的、可重复使用的、用于实现单一或相关联功能的代码段。模块是一个包含所有已定义的函数和变量的文件，其本质是一个Python文件。通常情况下，把能够实现某一特定功能的代码放置在一个文件中作为一个模块，从而方便其他程序和脚本导入并使用。本章将介绍函数和模块的相关知识及应用方法。

数字资源

【本章源代码】："源代码\第6章"目录下

6.1 函数的定义和调用

在Python程序开发过程中，通常将完成某一特定功能并经常使用的代码编写成函数，以便在需要时直接调用。Python中的函数分为几类，分别是内置函数、标准库函数、第三方库函数和用户自定义函数。

（1）内置函数

内置函数是指在Python中已经定义好的、可以直接使用的函数。例如，前面使用过的str()、list()、len()等函数都是内置函数。

（2）标准库函数

标准库函数需要通过import语句导入，导入后就可以使用其中定义的函数了。

（3）第三方库函数

Python社区提供了很多高质量的库。下载安装这些库以后，通过import语句导入就可以使用其中的函数，这些库函数称为第三方库函数。

（4）用户自定义函数

用户自定义函数，即用户为满足自身需求而定义的函数，这显然是开发中所必需的。本节主要介绍的就是自定义函数及其使用方法。

6.1.1 函数的定义

在Python中，函数定义的语法如下：

```
def 函数名 ([参数列表]) :
    '''文档字符串'''
    函数体/若干语句
```

说明：

- def是关键字，用于定义一个函数，然后是一个空格和函数名。Python执行def时，会创建一个函数对象，并绑定到函数名变量上。
- 参数列表可以是零个、一个或多个参数，没有参数时圆括号也必须保留。
- 文档字符串是注释部分，用于对函数进行说明。
- 如果函数体中包含return语句，则结束函数执行并返回值；如果函数体中不包含return语句，则返回None值。

下面是一个简单的函数定义示例。

```
def greet(name):
    print(f"Hello, {name}!")
```

在这个例子中定义了一个名为greet的函数，它接收一个参数name。函数体中的代码会打印出一条问候信息。

■6.1.2 函数的调用

一个函数定义好后，并不会自动执行，它需要被调用，才能行使其功能。对于6.1.1中定义的greet函数，可以使用如下方式进行调用。

```
greet("Lisa")
```

完整的函数定义和调用代码如下：

```
def greet(name):
    print(f"Hello, {name}!")
greet("Lisa")
```

执行上述代码，会输出 Hello, Lisa! 。

函数定义完成后，可以多次对其进行调用，提高了代码的复用性。

需要注意的是，定义函数时的参数列表中的参数是形式参数，简称为“形参”。在上例中，name就是形参。在调用函数时，要传递给函数的参数是实际参数，简称为“实参”。在上例中，“Lisa”就是实参。

例如，定义一个函数，求两个数的和并返回。代码如下：

```
def sum(a,b):
    '''定义一个函数，可以求任意两个数的和，并返回'''
    return a+b
result = sum(3,4)  #调用函数
print(result)
result = sum("hello ","python!")  #调用函数
print(result)
```

执行该程序，结果如下：

```
7
hello python!
```

上例中定义了一个名为sum的函数，它接收两个参数a和b，并返回它们的和。调用这个函数，并将结果存储在变量result中，以此来获取函数的返回值。

需要注意的是，函数的第1行语句是注释语句，用于说明函数的功能。可以用内置函数help()查看该函数的定义说明，具体代码如下：

```
>>> help(sum)
Help on function sum in module __main__:

sum(a, b)
定义一个函数，可以求任意两个数的和，并返回
```

文档注释字符串是可选的，使用规范的文档字符串为函数增加注释，可以为程序阅读者提供友好的提示和使用说明，提高函数代码的可读性。

6.2 函数的参数传递

调用函数必然涉及参数的传递问题，本节主要介绍Python中函数的参数传递机制和参数传递的类型。

6.2.1 参数传递机制

在Python中，函数的参数传递基本上是按值传递（pass-by-value）的，但由于Python中的对象都是通过引用操作的，这就会让人误以为参数是按引用传递的。实际上，Python的参数传递机制可以描述为“对象引用按值传递”。这意味着当把一个对象作为参数传递给函数时，实际传递的是该对象引用的一个副本。

为了更清晰地理解这一点，分几种情况进行说明。

1. 不可变类型（如整数、字符串、元组等）作为参数

对于不可变类型，当传递这些类型的值时，函数内部对这些值的任何修改都不会影响原始值，因为不可变类型的值在赋值时实际上是创建了新的对象。例如：

```
def change_value(num):
    num = num + 1
    print("Inside function:", num)

original_value = 10
change_value(original_value)
print("Outside function:", original_value)
```


执行上述的代码，结果如下：

```
Inside function: 11
Outside function: 10
```

在这个例子中，change_value函数内部的num实际上是创建了一个新的整数对象，调用此函数时是将original_value对象的值赋值给局部变量num，而原始的original_value对象并未改变。

2. 可变类型（如列表、字典等）作为参数

对于可变类型，情况就不同了。因为传递的是一个指向实际对象的引用，所以函数内部对这些对象的修改会影响到原始对象。例如：

```
def modify_list(lst):
    lst.append(42)
    print("Inside function:", lst)

original_list = [1, 2, 3]
modify_list(original_list)
print("Outside function:", original_list)
```

运行以上代码，结果如下：

```
Inside function: [1, 2, 3, 42]
Outside function: [1, 2, 3, 42]
```

在这个例子中，modify_list函数修改了传入的列表，因为列表是可变的，所以修改会反映到原始列表original_list上。

3. 传递引用本身的副本

需要理解的是，尽管传递的是引用的副本，但这个副本仍然指向原始对象。然而，如果尝试重新给这个引用赋值，它的改变将不会影响到外部的原始引用。例如：

```
def reassign_list(lst):
    lst = [99, 98, 97]
    print("Inside function:", lst)

original_list = [1, 2, 3]
reassign_list(original_list)
print("Outside function:", original_list)
```

运行以上代码，结果如下：

```
Inside function: [99, 98, 97]
Outside function: [1, 2, 3]
```

在这个例子中，尽管reassign_list函数内部重新赋值了lst，但这并不会改变original_list，因为lst只是原始引用的一个副本。当重新给lst赋值时，只是改变了局部变量lst所指向的对象，而没有改变original_list所指向的对象。

总的来说，Python中的参数传递是通过对象引用来实现的，但这些引用的副本是按值传递的。对于不可变对象，这表现得就像纯粹的按值传递；对于可变对象，可以通过传递的引用来修改原始对象，但不能通过重新赋值局部变量来改变对外部变量的引用。

6.2.2 参数传递类型

定义一个函数时，可能会设置多个形参，那么在调用函数时也会传递多个实参。Python函数中参数传递的方式有很多种，主要有位置参数、关键字参数、默认值参数、包裹位置参数、包裹关键字参数等。

1. 位置参数

这是最为常见的参数类型，函数调用时根据函数定义的形参位置传递实参，将形参和实参顺序关联。

例如，定义一个函数，输出某人的名字及其最喜欢的水果，代码如下：

```
def favorite_fruit(name,fruit):
    print(f"我的名字是{name}")
    print(f"我最喜欢的水果是{fruit}")
favorite_fruit("佩佩","西瓜")  #调用函数（位置参数）
```

运行以上代码，结果如下：

```
我的名字是佩佩
我最喜欢的水果是西瓜
```

在进行位置参数传递时，实参的传递顺序与形参定义时的顺序需要保持一致，否则，结果会不符合预期。例如，将代码中的函数调用语句的代码修改如下：

```
favorite_fruit("西瓜","佩佩")
```

再次执行程序，运行结果如下：

```
我的名字是西瓜
我最喜欢的水果是佩佩
```

需要注意的是，实参和形参的类型和个数必须匹配，否则就会报错。在上例中，如果将函数调用语句修改为如下代码：

```
favorite_fruit("佩佩","西瓜","草莓")
```

运行程序，结果会显示如下的异常信息。

```
Traceback (most recent call last):
  File "E:/6-2.py", line 4, in <module>
    favorite_fruit("佩佩","西瓜","草莓")
TypeError: favorite_fruit() takes 2 positional arguments but 3 were given
```

2. 关键字参数

关键字参数允许显式地指定参数名称来传值，并允许参数的顺序与函数定义中的顺序不同，这增加了代码的可读性。

例如，定义一个函数，输出某人的名字及其最喜欢的水果，代码如下：

```
def favorite_fruit(name,fruit):
    print(f"我的名字是{name}")
    print(f"我最喜欢的水果是{fruit}")
favorite_fruit(fruit="西瓜",name="佩佩")      #调用函数（关键字参数）
```

运行以上代码，结果如下：

```
我的名字是佩佩
我最喜欢的水果是西瓜
```

在此例的代码中，favorite_fruit函数的定义和上例中的定义是一致的，但在调用此函数时，本例中指明了各个实参对应的形参，可以清楚地知道实参“西瓜”和“佩佩”分别对应形参fruit和name。关键字参数传递中，实参的顺序并不重要，Python可以判断出每个实参所对应的形参，以下两种调用方式是等效的。

```
favorite_fruit(fruit="西瓜",name="佩佩")
favorite_fruit(name="佩佩",fruit="西瓜")
```

3. 默认值参数

在函数定义中，可以为参数指定默认值。如果在函数调用时没有提供这些参数的值，就会使用默认值。例如，一个家庭中所有成员都喜欢西瓜，即可将favorite_fruit函数中的形参fruit设置默认值为“西瓜”。

例如，定义一个函数，输出某人的名字及其最喜欢的水果，如果用默认值参数形式，则调用此函数的代码也要做相应修改，其代码如下：

```
def favorite_fruit(name,fruit="西瓜"):
    print(f"我的名字是{name}")
    print(f"我最喜欢的水果是{fruit}")
favorite_fruit(name="佩佩")
favorite_fruit(name="畅畅")
```

运行以上代码，结果如下：

```
我的名字是佩佩
我最喜欢的水果是西瓜
```

```
我的名字是畅畅
我最喜欢的水果是西瓜
```

当然，如果不想使用形参的默认值，也可以在调用函数时给其传入实参。例如，将上面第2条函数调用语句修改为如下代码：

```
favorite_fruit(name="畅畅",fruit="芒果")
```

运行代码的结果如下：

```
我的名字是佩佩
我最喜欢的水果是西瓜
我的名字是畅畅
我最喜欢的水果是芒果
```

4. 包裹位置参数

当要传递一个可变数量的位置参数给一个函数时，可以使用“*”操作符来“包裹”这些参数。在函数内部，这些参数被当作一个元组来处理。

例如，求任意多个数的和。代码如下：

```
def sum_numbers(*args):
    return sum(args)


total = sum_numbers(1, 2, 3, 4)  # args为(1, 2, 3, 4)
print(total)
total = sum_numbers(5,6)   # args为(5,6)
print(total)
```

运行代码的结果如下：

```
10
11
```

在此例中，形参“*args”中的“*”会创建一个名为args的空元组，并将传入函数的实参全部封装到此元组中。

5. 包裹关键字参数

类似地，如果要传递一个可变数量的关键字参数，可以使用“**”操作符来“包裹”这些参数。在函数内部，这些参数被当作一个字典来处理。

不定长关键字参数示例的代码如下：

```
def showinfo(**args):
    for key, value in args.items():
        print(f"{key} = {value}")

showinfo(id='001',name='Lisa',age=20,grade='大一')
```

运行代码，结果如下：

```
id = 001
name = Lisa
age = 20
grade = 大一
```

在上面的代码中，形参“**agrs”中的“**”会使Python创建一个名为args的字典，并将传入函数的关键字实参全部放到此字典中，然后遍历字典，输出键值对的值。

6. 解包裹位置参数

如果在调用函数时已经有一个列表或元组，并且想要将这些元素作为单独的位置参数传递给函数，可以使用“*”操作符来“解包裹”它们。

解包裹位置参数示例的代码如下：

```
def addnum(a,b,c):
    return a+b+c

tuple1 = (2,5,7)
print(addnum(*tuple1))
list1 = [10,20,30]
print(addnum(*list1))
```

运行代码，结果如下：

```
14
60
```

在上面的代码中，调用函数时给实参前面加上了“*”，此时会将实参中的元素“解包裹”为3个元素，分别传递给形参a、b、c。

7. 解包裹关键字参数

如果有一个字典，其中包含了要作为关键字参数传递给函数的键值对，可以使用“**”操作符来“解包裹”这个字典。

解包裹关键字参数示例的代码如下：

```
def addnum(a,b,c):
    return a+b+c

dict1 = {
    "a" :10,
    "b" :20,
    "c" :30
}
print(addnum(**dict1))
```

运行代码的结果如下：

```
60
```

在上面的代码中，dict1前面加上了“**”，将dict1中的键值对“解包裹”，根据字典中与形参相应的关键字将对应的值传递给函数中的形参。

6.3 变量的作用域

变量的作用域指的是变量起作用的代码范围。根据变量作用域的不同，可以把变量分为局部变量和全局变量。

6.3.1 局部变量

局部变量是在函数或方法内部定义的变量（函数参数也属于局部变量）。这些变量仅在函数或方法内部可见，即它们的作用域是局部的。当函数或方法被调用时，局部变量会被创建，并在函数或方法执行完毕后被销毁。关于局部变量的示例代码如下：

```
def my_function():
    local_var = "I am local"  # 这是一个局部变量
    print(local_var)

my_function()  # 调用函数输出：I am local
print(local_var)  # NameError: name 'local_var' is not defined
```

运行上述代码，结果如下：

```
I am local
Traceback (most recent call last):
  File "E:/my_function.py", line 6, in <module>
```

```
    print(local_var) # NameError: name 'local_var' is not defined
NameError: name 'local_var' is not defined
```

在上面的例子中，local_var是一个局部变量，它仅在my_function函数内部可见，在函数外部访问local_var会导致错误。

6.3.2 全局变量

全局变量是在函数或方法外部定义的变量，不需要显式声明。这些变量在整个程序中都是可见的，即它们的作用域是全局的。使用全局变量的示例代码如下：

```
global_var = "I am global" # 这是一个全局变量
def my_function():
    print(global_var) # 可以在函数内部访问全局变量
my_function() # 调用函数输出：I am global
print(global_var) # 输出：I am global
```

在上面的代码中，global_var是一个全局变量，可以在my_function函数内部访问它，同时，也可以在函数外部访问它。

在函数内部，如果想修改全局变量的值，需要使用global关键字来声明该变量是全局的。否则，Python会将其视为一个新的局部变量。示例代码如下。

```
global_var = "I am global"
def my_function():
    global global_var # 声明要修改的是全局变量
    global_var = "I was modified inside the function"
my_function()
print(global_var) # 输出：I was modified inside the function
```

在上面的代码中，my_function函数内部使用global关键字声明global_var是一个全局变量，并修改了它的值。这样，在函数外部访问global_var时，其值已经被修改。

需要注意的是，当列表、字典等数据类型作为全局变量时，不需要使用global关键字进行说明，就可以在函数内部对其进行修改。示例代码如下。

```
stu_dict = {
    "name":"张三",
    "id":2023001,
    "grade":"大一",
    }          # 定义全局变量stu_dict
def change_grade():
    stu_dict["grade"] = "大二"    # 在函数中修改全局变量的值
```

```
change_grade()              # 调用函数
print(stu_dict)             # 输出字典内容
```

运行代码，结果如下：

```
{'name': '张三', 'id': 2023001, 'grade': '大二'}
```

从此例中可以发现，在change_grade函数定义中修改了全局变量stu_dict字典中键的值，stu_dict字典发生了改变。但是如果在函数change_grade中创建一个和全局变量stu_dict同名的局部变量stu_dict，则在函数中修改stu_dict不会对全局变量stu_dict产生影响，也就是说，如果局部变量和全局变量同名，在函数内部看到的是局部变量。示例代码如下：

```
stu_dict = {
    "name":"张三",
    "id":2023001,
    "grade":"大一",
    }           #定义全局变量stu_dict
def change_grade():
    stu_dict = {}   #在函数内部创建局部变量stu_dict
    stu_dict["grade"] = "大二"
    print("局部变量stu_dict的内容：",stu_dict)
change_grade()              #调用函数
print("全局变量stu_dict的内容：",stu_dict)
```

运行代码，结果如下：

```
局部变量stu_dict的内容：  {'grade': '大二'}
全局变量stu_dict的内容：  {'name': '张三', 'id': 2023001, 'grade': '大一'}
```

对于局部变量和全局变量的使用原则，总结如下：

- 如果局部变量是不可变的数据类型，则作用域是函数内部，当函数执行结束后，变量自动释放。如果有同名的全局变量，全局变量不会受影响。
- 不可变的数据类型可以使用global关键字转换为全局变量，当函数执行结束后，此变量能够保留且能改变同名变量的值。
- 当全局变量是可变的数据类型时，如果在函数中没有创建同名的局部变量，则在函数内部可以直接使用并修改全局变量的值。
- 当全局变量是可变的数据类型时，如果在函数中已经创建同名的局部变量，则函数内部仅对局部变量进行操作，函数执行结束后，局部变量被释放，并不影响全局变量的值。

■6.3.3 关键字nonlocal

Python允许函数中嵌套函数，示例代码如下：

```
def outer_func():
    print("outer_func()函数开始")
    def inner_func():
        print("inner_func()函数开始")
        print("inner_func()函数结束")
    inner_func()
    print("outer_func()函数结束")
outer_func()
```

运行代码，结果如下：

```
outer_func()函数开始
inner_func()函数开始
inner_func()函数结束
outer_func()函数结束
```

在上面的代码中，只能在outer_func函数中调用inner_func函数，在outer_func函数外不能调用inner_func函数。假如在outer_func函数中存在一个变量，那么在inner_func函数中能访问吗？用一个示例来验证，示例代码如下：

```
def outer_func():
    x = 3
    def inner_func():
        print(x)
    inner_func()
outer_func()
```

运行代码，结果如下：

```
3
```

如果在inner_func函数中使用赋值语句 `x = x+1` 对x的值进行修改，程序会出现异常。可以发现，参数x对于inner_func函数像是全局变量，但它又位于函数中，并不是全局变量。为了使inner_func函数能对x进行修改，这时就要用关键字nonlocal。示例代码如下：

```
def outer_func():
    x = 3
    def inner_func():
        nonlocal x
```

```
        x = x+1
    inner_func()
    print(x)
outer_func()
```

运行代码，结果如下：

```
4
```

在上面的代码中，在inner_func函数中用nonlocal关键字对变量x进行声明后，就可以操作x了。

6.4 函数的返回值

进行函数调用时，通过实参实现了由函数外部向函数内部的数据传输，而return语句则实现了从函数内部向函数外部输出数据。函数的返回值可以是空值，也可以是一个值或者多个值。

如果定义函数时没有return语句，或者只有return语句而没有返回数据，则认为函数的返回值为None，即空值。

例如，定义一个函数，该函数没有返回值。代码如下：

```
def non_value():
    print("该函数没有返回值")
result = non_value()
print(result)
```

运行代码，结果如下：

```
该函数没有返回值
None
```

在上面的代码中，函数non_value没有返回值，函数执行完后返回None。

例如，定义的函数只有一个返回值。代码如下：

```
def add_numbers(a, b):
    result = a + b
    return result
# 调用函数并获取返回值
sum_of_numbers = add_numbers(3, 4)
print(sum_of_numbers)
```

运行代码，结果如下：

```
7
```

在这个例子中，add_numbers函数接收两个参数a和b，将它们相加，并将结果存储在变量result中，然后函数使用return语句返回这个值。当调用add_numbers(3, 4)时，函数返回7，这个值被存储在变量sum_of_numbers中。

也可以让函数返回多个值，但实际上这是通过返回一个元组来实现的。示例代码如下：

```
def cal_digit(number):
    hundreds = number//100
    tens = number//10%10
    ones = number%10
    return hundreds,tens,ones
result = cal_digit(123)      #以返回值以元组的形式赋值给result
print(result)
x,y,z = cal_digit(123)       #返回值解包后分别赋值给x,y,z
print(x,y,z)
```

运行代码，结果如下：

```
(1, 2, 3)
1 2 3
```

在这个例子中，cal_digit函数返回了3个值hundreds、tens和ones，但实际上是返回了一个包含这3个值的元组。当调用cal_digit函数时，可以使用一个变量来接收这个元组，也可以使用元组解包来将返回值分配给3个变量x、y和z。

6.5 匿名函数

匿名函数（anonymous function）是一种没有名字的函数，也称为lambda函数或lambda表达式。在Python中，匿名函数使用lambda关键字定义。因为它们没有名字，所以无法直接通过函数名来调用，但可以作为函数对象赋值给变量，或作为参数传递给其他函数，也可以在需要函数对象的地方直接使用。匿名函数具有以下特点：

- lambda表达式只包含一个表达式，函数体比def定义的函数简单很多。因此，匿名函数更加简洁。
- lambda表达式的主体是一个表达式，而不是一个代码块。因此，lambda表达式中只能封装有限的逻辑。
- 匿名函数拥有自己的命名空间，且不能访问自己参数列表之外或全局命名空间里的参数。

匿名函数定义的语法格式如下：

```
变量名 = lambda [arg1 [,arg2,...,argn]]:expression
```

其中，arg1,arg2,...,argn为参数列表，expression为表达式，表示函数要进行的操作。

下面是一个匿名函数的例子。

```
# 定义一个匿名函数，接收两个参数并返回它们的和
add = lambda x, y: x + y
# 调用匿名函数
result = add(3, 4)
print(result)
```

程序执行结果如下：

```
7
```

在上面的例子中，`lambda x, y: x + y` 定义了一个匿名函数，该函数接收两个参数x和y，并返回它们的和。这个匿名函数被赋值给了变量add，然后通过add变量来调用它。

匿名函数通常用于需要快速定义简单函数的情况，但由于它们没有名字，所以不适合用于实现复杂的逻辑或需要多次调用的函数。对于更复杂的逻辑，通常使用具名函数（即具有明确名称的函数）来实现。

6.6 函数的递归调用

函数内部可以调用别的函数，如果在一个函数内部又调用了自身，则称之为递归调用，该函数称为递归函数。递归的目的是将一个大型的复杂问题转换为一个与之相似的但规模较小或者更为简单的问题。用递归函数解决问题必须满足两个条件：一是必须有递归终止的条件，二是要有递归步骤。

（1）基本情况（base case）

基本情况是指递归终止的条件，即函数不再进行递归调用的条件。如果没有基本情况，函数将会无限递归下去，导致栈溢出错误（stack overflow）。

（2）递归步骤（recursive step）

这是函数在基本情况不满足时，如何缩小问题的规模，并向基本情况逼近的步骤。在递归步骤中，函数会调用自身来处理规模更小的问题。

例如，在数学中，求一个非负整数的阶乘公式为$n!=1\times2\times3\times\ldots\times n$，编程实现的时候可以采用循环。其实阶乘公式还可以写为$n!=(n-1)!\times n$，这种形式很明显符合递归的条件。下面分别使用循环和递归来实现求n的阶乘。

【例6-1】求*n*的阶乘。

功能描述：分别利用循环和递归两种方式求n的阶乘。代码如下：

```
def factorial_loop(n): # 用循环实现阶乘
    f = 1
    if n==0:
        return f
    else:
        i = 1
        while(i<=n):
            f = f*i
            i = i+1
        return f
def factorial(n): # 用递归实现阶乘
    if n == 0 or n == 1:
        return 1
    else:
        return n*factorial(n-1)

print(factorial_loop(5))
print(factorial(5))
```

运行代码，结果如下：

```
120
120
```

在上面的例子中，factorial函数是一个递归函数。当n为0或1时返回1，这是递归的基本情况，即边界条件，表示递归结束。每一个递归函数都必须有一个结束条件。当参数大于1时，把问题转换成n-1的阶乘的子问题，调用factorial(n-1)求解，也就是调用了函数本身，但是参数减小了1，按照这种方式一直递归到参数为1结束。

6.7 模块的导入和使用

Python程序中的模块功能与函数相似，有助于更好地理解代码，提高代码的复用率。Python中的模块是一个独立的Python文件，以.py为后缀名，文件中可以包含变量、函数等各种代码形式。导入模块后，就可以使用其中的变量、函数等内容了。导入模块有两种方法，下面逐一进行介绍。

1. import 模块名

采用“import 模块名”方式导入模块，要使用模块中的变量或者函数的语法格式如下：

```
模块名.变量
模块名.函数(参数)
```

下面以导入Python内置模块random为例进行说明。

Python中的内置模块random主要用于生成随机数，其中的常用函数如表6-1所示。

表 6-1　random 模块中的常用函数

函数名	功能描述
random()	返回一个[0.0, 1.0)之间的随机浮点数
uniform(a, b)	返回一个指定范围[a, b)之间的随机浮点数
randint(a, b)	返回一个指定范围[a, b]之间的随机整数（包括a和b）
randrange([start,] stop[, step])	返回一个指定范围[start, stop)之间的随机整数，其中start默认为0，step默认为1
choice(seq)	从非空序列sep（如列表、元组、字符串等）中随机选择一个元素
shuffle(x, random=None)	就地（in-place）打乱列表x中的元素
sample(population,k,counts=None)	从指定序列中随机选择k个不重复的元素

例如，在Python程序中，要使用random中的函数，就必须导入random模块。示例如下：

```
#导入random模块
import random
# 调用random模块中的randint函数输出一个[1, 10]之间的随机整数
print(random.randint(1, 10))
# 输出一个[1, 10)之间步长为2的随机整数（可能是1,3,5,7,9中的一个数）
print(random.randrange(1, 10, 2))
```

运行代码，结果如下：

```
2
5
```

如果模块名字比较长，难以记忆，可以使用关键字as对模块名进行重命名，即给出一个简单易记的别名。例如，将模块ramdom重新命名为r，则可以将上面的代码修改为：

```
#将random重命名为r
import random as r
#使用random模块中的函数时，需要使用别名r
print(r.randint(1, 10))
print(r.randrange(1, 10, 2))
```

2. from 模块名 import...

在使用import语句导入模块时，每执行一条import语句都会创建一个新的命名空间，并且在该命名空间中执行与.py文件相关的所有语句。在使用时，需要在变量、函数名前加上“模块名”作为前缀。如果不想在每次导入模块时都创建一个新的命名空间，则可以使用另一种导入方式——from 模块名 import …，将具体的定义导入当前的命名空间。此时可以直接使用导入模块中的变量、函数等，而不用再加模块名。具体导入的语法格式有以下两种：

```
from 模块名 import *
from 模块名 import 变量,函数
```

其中，前一种形式导入模块的全部内容，后一种形式仅导入模块中指定的变量和函数，这时，不能使用模块中未导入的内容。

例如，Python内置模块math中定义了很多和数学相关的函数，假如现在只想使用此模块中的sqrt函数求一个数的平方根，则可以使用如下导入语句。

```
from math import sqrt
# 现在你可以直接使用sqrt函数，而不需要使用math.sqrt
result = sqrt(16)
print(result)        #输出结果4
```

当然，也可以同时导入模块中的多个对象，代码如下：

```
from math import sqrt, pow
# 现在可以直接使用sqrt和pow函数
result1 = sqrt(16)
result2 = pow(2, 3)
print(result1) # 输出 4.0
print(result2) # 输出 8.0
```

需要注意的是，在使用from…import…语句导入模块时，需要保证导入的内容在当前的命名空间中是唯一的，否则将出现冲突，后导入的同名变量或者函数将会覆盖先前导入的。这时就需要使用import语句导入，以解决此类问题。

6.8 模块的分类

在Python中，模块通常可以根据其来源和用途进行分类，以下是一些常见的模块分类。

1. 内置模块（built-in modules）

这些模块是Python解释器的一部分，提供了一些基本的和常用的功能，如sys（与Python解释器交互）、os（与操作系统交互）、math（数学函数）模块等。

2. 标准库模块（standard library modules）

这些模块是Python官方提供的，并且随着Python一起安装。它们提供了广泛的函数和类，用于各种常见的编程任务，如re（正则表达式）、json（处理JSON数据）、datetime（日期和时间处理）模块等。常用的内置和标准库模块如表6-2所示。

表 6-2　Python 常用的内置和标准库模块

模块名	描　述
sys	与Python解释器及其环境操作有关的函数
time	提供与时间相关的各种函数
os	提供访问操作系统服务的功能
calendar	提供与日期相关的各种函数
urllib	用于读取来自网络的数据
json	用于使用JSON序列化和反序列化对象
re	用于在字符串中执行正则表达式匹配和替换
math	提供标准的算术运算函数
decimal	用于进行精确控制运算精度、有效位数和四舍五入操作的十进制运算
shutil	用于进行高级文件操作，如复制、移动和重命名等
logging	提供灵活的记录事件、错误、警告和调试信息的功能
tkinter	使用Python进行GUI编程

3. 第三方库（third-party libraries）

这些模块不是Python官方提供的，而是由其他开发者或组织创建的。它们通常提供了特定的功能或工具，用于解决特定领域的特定问题，如NumPy（数值计算）、Pandas（数据处理和分析）、Django（Web开发框架）等。

第三方模块需要先下载，再安装，然后才可以像使用标准模块一样导入并使用它们。下载和安装第三方模块可以使用Python提供的pip命令。常用pip命令说明如表6-3所示。

表 6-3　常用 pip 命令说明

pip命令	说　明
pip install Package	安装Package模块
pip list	列出当前已经安装的所有模块
pip install --update Package	升级Package模块
pip uninstall Package	卸载Package模块

例如，Matplotlib是Python绘图库，它提供了一整套和Matlab相似的应用程序接口（application program interface, API），十分适合交互式制图。在Python中可以使用如下命令来安装Matplotlib。

```
>pip install Matplotlib
```

安装成功后，可以使用如下命令查看当前已安装的所有模块，可以看到其中包含Matplotlib。

```
>pip list
```

结果如图6-1所示。

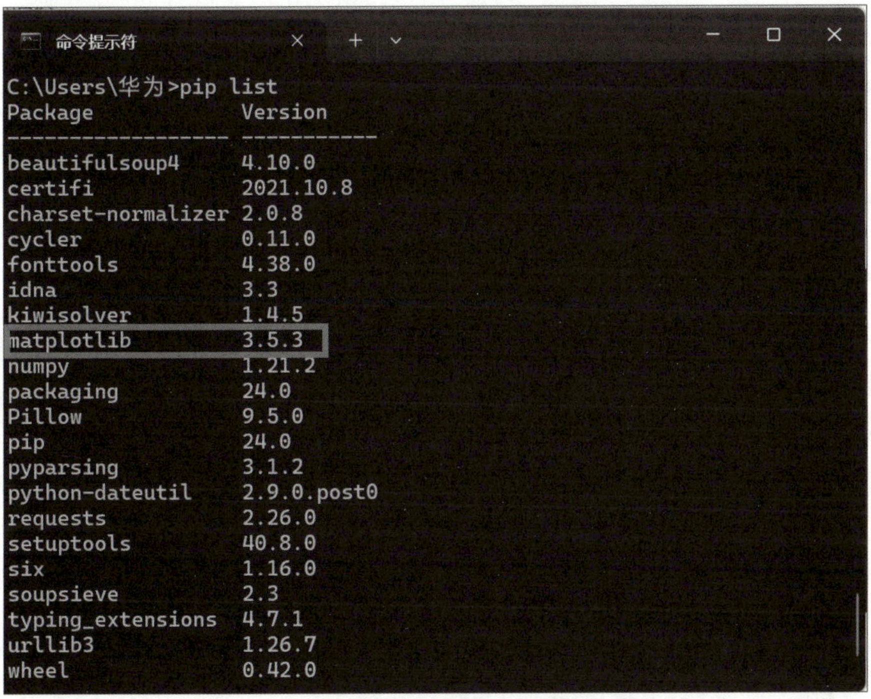

图 6-1 查看安装的第三方库

4. 自定义模块（custom modules）

这些模块是用户自己编写的Python文件，通常包含一些特定的函数、类或数据。自定义模块可以用于组织代码、复用代码或提供特定的功能。自定义模块也可以通过import语句导入到其他Python脚本中使用，就像第三方库一样。

6.9 模块的搜索路径

在Python中，当尝试导入一个模块时，Python解释器会按照一定的搜索路径（也称为模块路径）来查找该模块。Python解释器会按照以下顺序搜索模块。

①在当前目录（Python脚本文件所在的目录）下查找。

②到环境变量中设定的Python安装路径下查找。

③到Python的默认安装路径下查找。

可以通过sys.path查看这些目录，代码如下：

```
>>> import sys
>>> print(sys.path)
```

如果要导入的模块不在上述目录中，可以通过3种方式把模块所在的路径添加到sys.path中。

1. 函数添加

函数添加的语法格式如下：

```
import sys
sys.path.append( "yourpath" )
```

其中，yourpath代表的是要添加到sys.path中的目录。这种方式是一次性的，只对当前窗口有效，之后每次在新窗口中要使用该模块，必须再次使用上述命令进行添加。

2. 修改环境变量

PYTHONPATH是Python的搜索路径，默认情况下导入的模块都会从PYTHONPATH设置的路径中去寻找。PYTHONPATH路径的具体设置方法取决于用户的操作系统。在Windows系统中，可以通过“开始”→“设置”→“系统”→“关于”→“高级系统设置”→“系统属性”→“高级”→“环境变量”来设置PYTHONPATH，详细的设置过程可以查阅相关书籍或网络资料，在此不再赘述。

3. 增加.path文件

首先，找到site-packages目录的文件路径，需要执行如下命令：

```
>>> import site
>>> site.getsitepackages()
```

然后，在site-packages目录下添加一个路径文件，例如，文件命名为“pkpath.pth”(文件名任意，但是扩展名必须是.pth)；最后在该文件里面添加模块文件所在的目录名称即可。

课后作业

练习1：编写一个函数，判断用户输入的手机号是否符合基本规则。

练习2：编写一个函数，计算指定范围内数字的个数与总和。

练习3：定义一个函数，用于判断用户输入的分数属于优秀、良好、及格或者不及格中的哪个等级，并返回结果。

练习4：编写函数，根据输入的一个身份证号码，输出此人的出生日期和性别。

第7章

异常处理

内容概要

异常是指程序运行时引发的错误。引发错误的原因有很多种，如除数为0、下标越界、文件不存在、网络异常、类型错误、名字错误、磁盘空间不足等。本章将介绍Python中异常的基本概念及异常处理的方法。

数字资源

【本章源代码】："源代码\第7章"目录下

7.1 异常概述

在Python中，异常是程序在运行时发生错误或遇到某种特殊情况时触发的事件。这些异常可以被捕获并处理，以防止程序因错误而终止。Python的异常处理机制将异常的检测与处理相分离，当某个函数运行出现异常时，可以不在本函数处理，而是发出异常信息；函数调用者捕捉到这一信息后根据对应的出错信息进行相应的处理，调用者也可以不做处理，继续向更上一层的调用者发出异常信息。这样可以使底层函数专门解决实际的任务，而在能够处理异常的层次进行处理，这样的异常处理机制使得程序逻辑更加清晰。

下面给出一些在交互式运行环境下执行语句出现异常的例子。

```
>>> result = 3/0        #0作为除数
Traceback (most recent call last):
  File "<pyshell#0>", line 1, in <module>
    result = 3/0
ZeroDivisionError: division by zero
>>> 3+a*2           #变量未定义
Traceback (most recent call last):
  File "<pyshell#1>", line 1, in <module>
    3+a*2
NameError: name 'a' is not defined
>>> 'a'+5           #类型错误
Traceback (most recent call last):
  File "<pyshell#2>", line 1, in <module>
    'a'+5
TypeError: can only concatenate str (not "int") to str
```


从上述例子可以看出，异常有不同的类型，在输出的结果信息中会显示出异常的类型和具体描述。Python提供了很多标准的内置异常类，常见的如表7-1所示。

表 7-1 Python 标准的内置异常类

异常名称	描　述
BaseException	所有异常类的直接或间接基类
SystemExit	程序请求退出时抛出的异常
KeyboardInterrupt	用户中断执行时抛出的异常
Exception	所有内建的、非系统退出的异常的基类，所有用户定义的异常均派生自该类
StopIteration	迭代器没有更多的值
GeneratorExit	调用生成器对象的close()方法时发生异常
StandardError	内建的标准异常的基类

（续表）

异常名称	描　　述
ArithmeticError	各种数值计算错误的基类
FloatingPointError	浮点运算错误
OverflowError	数值运算超出最大限制时引发的异常
ZeroDivisionError	除零导致的异常
AssertError	assert语句失败时引发的异常
AttributeError	对象属性引用或赋值失败时引发的异常
EOFError	到达EOF标记而未读取到任何数据而引发的异常
EnvironmentError	操作系统错误的基类
IOError	输入/输出错误
OSError	操作系统错误的基类
ImportError	导入模块/对象失败引发的异常
LookupError	索引或键值无效时引发的异常的基类
IndexError	序列中下标超出取值范围时引发的异常
KeyError	映射中没有此键时引发的异常
MemoryError	内存溢出错误
NameError	未声明本地或全局名称时引发的异常
UnboundLocalError	访问未初始化的本地局部变量引发的异常
ReferenceError	弱引用试图访问已经被回收的对象引发的异常
RuntimeError	一般的运行时错误
NotImplementedError	派生类未重载抽象方法引发的异常
SyntaxError	由Python语法错误引发的异常的基类
IndentationError	缩进错误
TabError	由Tab键和空格混用引发的错误
SystemError	一般的解释器内部错误
TypeError	对象或函数的类型不合适引发的异常
ValueError	传入无效的参数值引发的异常
UnicodeError	Unicode编码或解码错误时引发的异常
UnicodeDecodeError	Unicode解码时出现一个相关的错误时引发的异常
UnicodeEncodeError	Unicode编码时出现一个相关的错误时引发的异常
UnicodeTranslateError	Unicode转换时出现错误引发的异常
Warning	警告类错误的基类

7.2 异常处理

当Python代码运行发生异常时，需要捕获并处理它，否则程序会终止执行。本节主要介绍Python捕获异常、处理异常的结构。

■ 7.2.1 简单的异常捕获

异常处理结构中最常见、最基本的是try...except...结构，其语法格式如下：

```
try:
    代码块             #危险代码，可能会出现异常
except Exception[as reason]
    处理异常的代码
```

该异常处理结构的执行流程如下：

①首先执行try子句中的代码块，如果没有异常产生，则跳过except子句，继续执行该结构后面的代码。

②如果try子句中的代码块执行过程中产生了异常，则异常被捕获，同时跳出try子句代码块，进入except子句的代码块进行异常处理。如果异常类型与except之后的异常名称相同，则执行excpet子句中对应的代码块。

③如果异常和except后面的异常不匹配，则该异常会被传递到上层的try子句（如果存在try子句）；如果所有层都没有捕获并处理该异常，则程序终止并将异常抛给用户。

下面举例说明简单异常捕获处理结构的用法。

【例7-1】简单异常捕获示例。

功能描述：输入一个数，计算80与这个数的商并输出。

代码如下：

```
sum  = 80
while True:
    try:
        x = int(input("请输入一个整数: "))
        ave = sum / x
        print("您输入的整数为: ",x," 商为: ",ave)
    except Exception as e:
        print("输入有误! ",e)
```

执行程序，结果如下：

```
请输入一个整数: 5
您输入的整数为: 5  商为: 16.0
```

```
请输入一个整数：4
您输入的整数为： 4  商为： 20.0
请输入一个整数：e
输入有误！ invalid literal for int() with base 10: 'e'
```

■7.2.2 捕获多种异常

简单的异常处理结构仅能捕获并处理一种异常。在程序实际开发中，可能会遇到不同类型的异常，并且需要针对不同类型的异常做出不同的响应。为了支持对多个异常的捕获和处理，Python提供了带多个except的异常处理结构。一旦某个except捕获了异常，后面剩余的except子句将不会再执行。语法结构如下：

```
try:
    代码块
except Exception1:
    处理异常1的语句
except Exception2:
    处理异常2的语句
...
```

【例7-2】捕获多种异常示例。

功能描述：输入一个数，求10与这个数的商并输出，其中设置多个except语句。

代码如下：

```
try:
    #提示用户输入一个整数
    num = int(input("请输入一个整数："))
    # 使用10除以用户输入的整数并且输出
    result = 10/num
    print(result)
    list = [1,2,3]
    print(list[3])
except ZeroDivisionError: # 除0异常
    print("除0错误")
except ValueError:  # 值不正确异常
    print("请输入正确的整数")
```

多次运行程序，输入不同的数据，运行结果如图7-1所示。

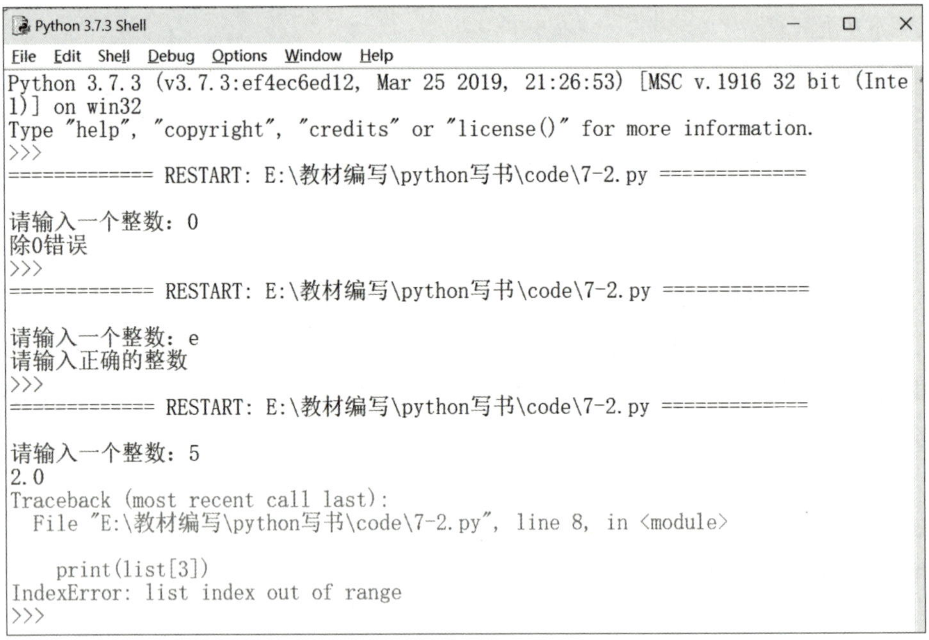

图 7-1　例 7-2 的运行结果

在实际开发时，要预判断出所有可能出现的错误，还是有一定难度的。如果希望程序无论出现什么错误，都不会因为Python解释器抛出异常而终止程序，则可以增加一个except，语法如下：

```
except Exception as result:
    print("未知错误 %s" % result)
```

修改例7-2的代码如下：

```
try:
    # 提示用户输入一个整数
    num = int(input("请输入一个整数："))
    # 使用10除以用户输入的整数并且输出
    result = 10/num
    print(result)
    list = [1,2,3]
    print(list[3])
except ZeroDivisionError:
    print("除0错误")
except ValueError:
    print("请输入正确的整数")
except Exception as result:
    print("未知错误 %s" % result)
```

运行上述代码，结果如下：

```
请输入一个整数: 5
2.0
未知错误 list index out of range
```

■7.2.3 完整的异常捕获

在实际编程中，为了处理情况比较复杂的情况，一般使用完整的异常捕获语句，在Python中，完整的异常捕获结构通常使用try、except、else和finally语句块。具体语法格式如下：

```
try:
    # 尝试执行的代码
    pass
except 错误类型1:
    # 针对错误类型1，对应的代码处理
    pass
except 错误类型2:
    # 针对错误类型2，对应的代码处理
    pass
except (错误类型3, 错误类型4):
    # 针对错误类型3 和 4，对应的代码处理
    pass
except Exception as result:
    # 打印错误信息
    print(result)
else:
    # 没有异常才会执行的代码
    pass
finally:
    # 无论是否有异常，都会执行的代码
    print("无论是否有异常，都会执行的代码")
```

其中，try块包含可能会引发异常的代码；except块用于捕获并处理特定的异常，可以有多个except块来捕获不同类型的异常，以及一个通用的Exception来捕获所有其他类型的异常；else块在try块成功执行（即没有引发异常）后执行；finally块无论try块是否引发异常都会执行，它通常用于执行清理操作，如关闭文件或释放资源。

【例7-3】完整的异常捕获示例。

功能描述：输入一个整数，计算8与这个数的商并输出，使用完整的异常捕获结构。

代码如下：

```
try:
    # 提示用户输入一个整数
    num = int(input("输入一个整数: "))
    # 使用 8 除以用户输入的整数并且输出
    result = 8 / num
    print(result)
except ValueError:
    print("请输入正确的整数")
except Exception as result:
    print("未知错误 %s" % result)
else:
    print("尝试成功")
finally:
    print("无论是否出现错误都会执行的代码")
```

多次运行程序，输入不同数据，执行结果如图7-2所示。

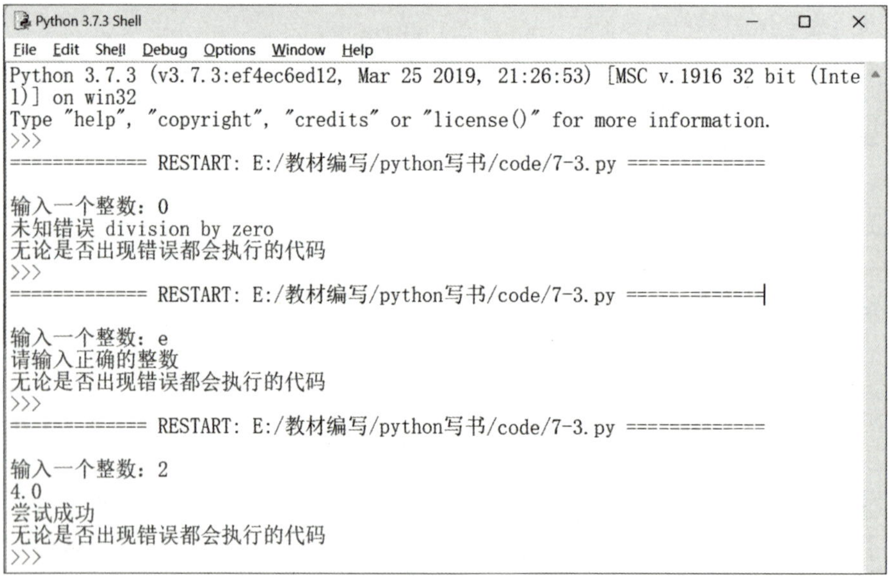

图 7-2　例 7-3 的运行结果

在实际编程中，需要根据问题需求选择合适的捕获异常结构进行异常处理。需要额外说明的是，异常是可以传递的：当函数或方法执行出现异常时，会把异常传递给调用方；如果传递到主程序，仍然没有处理，程序将会终止执行。因此，一般在程序开发中，可以在主函数中增加异常捕获，在主函数中调用的其他函数只要出现异常，都会传递到主函数的异常捕获中，这样就不需要在代码中增加大量的异常捕获，从而能够保证代码的整洁。例如，下面的代码就是利用异常的传递性，将异常的捕获与处理放在主函数（程序）中。

```
def demo1():
    return int(input("输入整数: "))
def demo2():
    return demo1()
# 利用异常的传递性, 在主程序捕获异常
try:
    print(demo2())
except Exception as result:
    print("未知错误 %s" % result)
```

7.3 异常抛出

在Python中，异常抛出（raising an exception）是一个程序流控制的机制，它允许程序员在遇到特定情况（通常是错误或异常情况）时中断程序的正常流程，并通知调用者该错误或异常已经发生。如果希望抛出异常，可以先创建一个Exception对象或者其子类对象，然后使用raise关键字抛出异常对象。

【例7-4】异常抛出示例。

功能描述：定义input_password函数，提示用户输入密码，如果用户输入的密码长度小于8，抛出异常，否则返回输入的密码。

```
def input_password():
    # 1. 提示用户输入密码
    pwd = input("请输入密码: ")
    # 2. 判断密码长度 >= 8, 返回用户输入的密码
    if len(pwd) >= 8:
        return pwd
    # 3. 如果密码长度< 8, 则主动抛出异常
    print("主动抛出异常")
    # 创建异常对象, 可以使用错误信息字符串作为参数
    ex = Exception("密码长度不够")
    # 主动抛出异常
    raise ex

try:
    print(input_password())
except Exception as result:
    print(result)
```

运行程序，结果如下：

```
请输入密码: 12345
主动抛出异常
密码长度不够
```

在上面的例子中，如果输入的密码长度小于8，input_password函数会抛出一个Exception异常。在主程序中，try...except块用于捕获并处理异常。当异常被抛出时，程序会跳转到与异常类型匹配的except块，并执行其中的代码。

7.4 with语句

with语句在Python 2.6中被引入，目的是简化try...except...finally这样的代码结构。例如，对文件进行操作时，往往要特别关注异常处理，因为打开文件操作后一定要记得关闭它，否则会出现文件操作异常。在实际编程中，编程人员经常会忘记关闭文件操作，为此，Python提供了with语句，通过这个语句可以抽象出文件操作中频繁使用的try...except...finally中的相关细节。with语句适用于对I/O、文件流、数据流等资源等进行访问的场合，确保不管在使用过程中是否发生异常，都会执行必要的“清理”操作以释放资源。例如，文件使用后自动关闭，线程中锁的自动获取和释放等。

with语句的用法如下：

```
with expression [as variable]:
    with语句块
```

with后面的表达式expression返回的是一个上下文管理器对象，使用as可以将这个对象赋值给某个变量。因此，with语句只有在支持上下文管理器对象的环境下才能使用。

所谓上下文管理器，即支持上下文管理协议的对象，这种对象实现了_enter_()和_exit_()方法。其中，_enter_()方法在语句体执行之前进入运行时上下文，_exit_()方法在语句体执行完后从运行时上下文退出，退出时会运行“清理”代码，即使代码出现异常也会运行“清理”代码。

例如，一般对文件进行操作的代码如下：

```
try:
    f = open('abc.txt','r')
    for each_line in f:
        print(each_line)
except OSError as reason:
    print('出错了：'+str(reason))
finally:
    f.close()
```

如果使用with语句，可以改写为如下代码：

```
try:
  with open('abc.txt','r') as f:
    for each_line in f:
      print(each_line)
except OSError as reason:
  print('出错了： ' + str(reason))
```

相比上一段代码，这段代码更加简洁。其中with语句执行完成后，不管处理文件过程中是否发生异常，都能保证with语句执行完毕后已经关闭了打开文件的句柄。此例中“f”就是上下文管理器_enter_()方法的返回值，返回的是当前文件自身的引用。Python内建对象都加入了对上下文管理器的支持，可以用在with语句中，如file、treading、decimal对象等。有了with语句，在对文件进行操作时，就再也不用担心忘记关闭文件了。

7.5 自定义异常

虽然利用Python提供的内置异常类型已经可以描述程序中出现的大多数异常情况，但是有时候程序员还是需要自己定义一些异常类，以详细描述某些特殊情况。在Python中，可以通过创建一个新的类来定义自定义异常，这个类通常继承自内置的Exception类或其子类。

【例7-5】自定义异常示例。

功能描述：自定义一个异常类，并在其他代码处使用自定义异常。

代码如下：

```
class MyCustomError(Exception):
  """自定义异常类"""
  def __init__(self, message):
    # 调用父类（Exception）的构造函数
    super().__init__(self, message)
    self.message = message

  def __str__(self):
    # 返回自定义的错误信息
    return f"MyCustomError occurred: {self.message}"

# 使用自定义异常
try:
  raise MyCustomError("Something went wrong!")
```

运行程序，结果如下：

```
MyCustomError occurred: Something went wrong!
```

在这个例子中，MyCustomError类继承自Exception类，并定义了一个__init__()方法来初始化异常对象，以及一个__str__()方法来定义异常被转换为字符串时的行为（该方法在要打印异常对象时很有用）。

当用raise语句抛出一个MyCustomError实例时，它会触发一个异常，这个异常可以被相应的except子句捕获并处理。

需要注意的是，在__init__()方法中调用super().__init__(self, message)虽然是可选的，但在大多数情况下，这是Python推荐的做法，这样做可以确保自定义异常与其他异常处理代码（如日志记录等）更好地集成。在这个例子中，实际上并不需要显式地调用super().__init__(self, message)方法，因为Exception类的__init__()方法默认接收一个位置参数（即错误消息），但显式调用显然更清晰。

另外，Python 3及以上版本中的super()方法调用不再需要显式地提供类和实例作为参数，即super(MyCustomError, self)方法可以简化为super()方法，Python会自动推断出正确的参数类和实例。

课后作业

练习1：简述Python异常处理的机制。

练习2：Python中如何捕获多种类型的异常？

练习3：Python中内置的异常类型有哪些？

练习4：如何自定义异常类？

第8章

面向对象编程

内容概要

面向对象程序设计（object-oriented programming, OOP）的思想主要针对大型软件设计而提出的，目的是使软件设计更加灵活，能够更好地支持代码复用和设计复用，并且使代码具有更好的可读性和可扩展性。Python完全采用了面向对象的思想，是真正的面向对象编程语言，完全支持面向对象的基本功能。

数字资源

【本章源代码】："源代码\第8章"目录下

8.1 面向对象程序设计思想

当前，面向对象的程序设计思想是主流。它与面向过程的程序设计思想有何不同呢？面向对象的程序设计思想包含许多概念，如抽象、对象、类、封装、继承和多态等，如何理解这些概念呢？本节主要介绍这两方面的内容。

8.1.1 面向对象和面向过程的区别

面向过程编程更加关注的是“程序的逻辑流程”，是一种“执行者”思维，适合编写小规模的程序。面向过程的思想在思考问题时，首先思考“怎么按步骤实现”，并将步骤对应成方法，一步一步直至最终完成。这种思想适合处理不需要过多协作的简单任务。例如，如何开车？可以很容易列出如下实现步骤：

①发动车。

②挂挡。

③踩油门。

④启动行驶。

面向过程适合简单、不需要协作的事务。但是当问题比较复杂时，比如“如何造一辆汽车？”，此时就会发现列出像上述一样的实现步骤是不可能的。因为造一辆汽车太复杂了，需要很多协作才能完成。此时应用面向对象思想才能更好地解决问题。

面向对象思想关注的是软件中“对象之间的关系”，是一种“设计者”思维，适合编写大规模的程序。

实际上，面向对象思想更契合人的思维模式。比如造车的问题，人们会先思考“车怎么设计？”，而不是“怎么按步骤造车的问题”。这就是思维方式的转变。

以面向对象思维方式思考造车的问题，会首先发现车由以下对象组成：轮胎、发动机、车壳、座椅、挡风玻璃等。为了便于协作，需要找轮胎厂完成制造轮胎的步骤，找发动机厂完成制造发动机的步骤……这样大家的工作可以同时进行，最终进行组装，大大提高了生产效率。但是，具体到细处，如轮胎厂的一个流水线操作，仍然是有步骤的，还是离不开面向过程思想的。

由以上例子可以看出，面向对象的思想可以帮助人们从宏观上把握、从整体上分析整个系统。但是，具体到实现部分的微观操作（即一个个的方法），仍然需要用面向过程的思路处理。因此，千万不要把面向过程和面向对象对立起来，它们是相辅相成的。面向对象思想离不开面向过程的思想。

总之，面向对象和面向过程的思想都是解决问题的思维方式，也是代码组织的方式。一般来说，解决简单问题可以使用面向过程的思维方式，而解决复杂问题时，在宏观上应使用面向对象的方式把握，在微观处理上仍然是面向过程的方式。

■8.1.2 面向对象思想的基本概念

面向对象程序设计思想是一种以对象为中心的程序设计方式，它更加强调运用人类在日常的思维逻辑中经常采用的思想方法与原则，如抽象、分类、封装、继承和多态等。在使用面向对象程序设计方法之前，必须先了解面向对象思想中的很多基本概念。

1. 抽象

人类在认识复杂现象的过程中，使用的最强有力的思维工具就是抽象。抽象就是抽出事物的本质特征而暂不考虑它们的细节。例如，对于轿车、卡车、公交车，如果不考虑它们之间的差别，仅找出它们的共性，就可以得到“车”这个概念。这个过程就是从具体到一般，也就是抽象的过程。

2. 封装

其实前面已经接触过封装的思想，例如，把不同类型的数据加入到列表中，这就是一种封装，是数据层面的封装；把常用代码段打包成一个函数，这也是一种封装，是语句层面的封装。这里所说的封装，是对数据和代码的封装，是把它们结合在一起，构成一个独立的封装体，也就是对象。

3. 对象

对象是指客观世界存在的具体实体，它具有明确定义的状态和行为。对象可以是有形的物体，如一本书、一辆车等；也可以是无形的规则、计划或事件，如一项行动计划、一条记录等。对象的来源是真实世界，通常具有以下特征：

①状态：对象的状态是由其内部数据（通常称为属性或字段）所描述的。这些数据描述了对象的当前特征或条件。

②行为：对象的行为是通过其方法（method）或函数（function）来定义的。方法或函数描述了对象可以执行的操作或行为。

③标识：每个对象都有一个唯一的标识，使其能够与其他对象进行区分。

总而言之，对象就是属性和行为的一个封装体，属性是对对象静态特征的描述，行为是对对象动态特征的描述。对象是面向对象编程中的基本构建块，它封装了数据和操作这些数据的方法，使代码更加模块化，提高了代码的可复用性、可维护性和灵活性。

4. 类

类实际上是对现实世界中某种对象的抽象表示，它描述了该对象的属性和行为。类可以看成是一类对象的模板，对象可以看成该类的一个具体实现。图8-1很直观地描述了类和对象的关系。

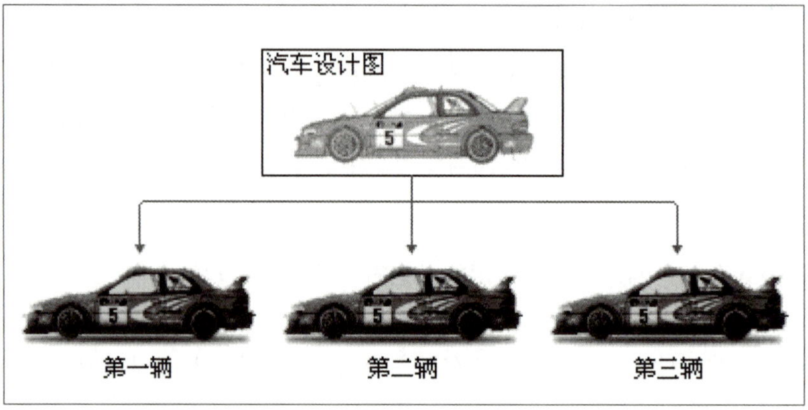

图 8-1　汽车类和对象的关系图

图8-1中的汽车设计图就是“类”，由这个图纸设计出来的若干辆汽车就是该类的具体实例。由此可见，类是对象的模板、图纸，而对象是类（class）的一个实例（instance），一个类可以对应多个对象。

5. 继承

继承是为代码复用和设计复用而设计的，是面向对象程序设计的重要特征之一。继承使得一个类可以继承另一个类的属性和方法，这样通过抽象出共同的属性和方法组建成新的类，便于代码的复用。一般地，只要满足“A is a B”，就可以让A继承B，其中A是子类，B是父类。子类自动共享父类的数据和方法，并可以修改和扩充，同时继承还具有传递性。图8-2表示几个类的继承关系。

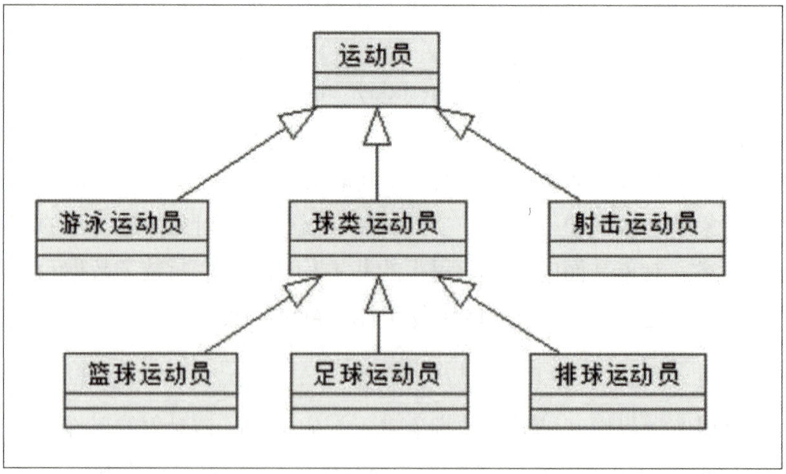

图 8-2　继承关系

在图8-2中，球类运动员是运动员，它可以继承运动员类，而足球运动员是一种球类运动员，它可以继承球类运动员类。

图8-2是采用UML（unified modeling language, 统一建模语言）表示的一种类的关系图。在UML中，使用矩形表示一个类，包含类名、类的属性和行为三部分内容。类之间的关系通过带

不同类型箭头的线段表示，此图中的空心三角箭头表示类之间的继承关系。

6. 多态

多态（polymorphism）是面向对象编程的三大特性之一。它允许在程序中使用父类类型的引用指向子类对象，并在运行时根据对象的实际类型调用其相应的方法，这种特性使得代码更加灵活和可复用。例如，动物都具有发出叫声的功能，现在一个列表中存放了各种不同的动物实例，遍历此列表，调用让动物发出叫声的方法。如果访问的动物实例是狗，那么执行方法发出的叫声就是“汪汪汪”；如果访问的动物实例是猫，那么执行方法发出的叫声就是“喵喵喵”。

8.2 Python中的类和对象

Python完全采用了面向对象程序设计的思想，是真正面向对象的高级编程语言，完全支持面向对象的基本功能，如封装、继承、多态等。但与其他面向对象程序设计语言不同的是，在Python中，“一切皆对象”。类称为“类对象”，类的实例称为“实例对象”。本节主要介绍Python中是如何定义并使用类和对象的。

■8.2.1 类的定义

Python使用class关键字定义类，class关键字后是一个空格，然后是类名，接着是一个冒号，最后换行进行类的内部实现。具体语法格式如下：

```
class 类名:
  属性定义
  def 方法1(self, 参数列表):
    pass
  def 方法2(self, 参数列表):
    pass
```

Python约定类名的首字母大写，这是为了和函数名区分开，当然这不是必须的，也可以按照自己的习惯命名类。但是为了在团队开发时保持风格一致，建议大家遵循这个约定。

类中方法的定义格式和之前的函数定义几乎一样，区别在于第1个参数必须是self，self的含义将在第8.2.3节中详细讲解。

例如，定义一个Dog类，代码如下：

```
class Dog:
  """这是一个狗类"""
  def eat(self):
    print("小狗爱吃骨头")
  def drink(self):
    print("小狗在喝水")
```

8.2.2 创建对象

当一个类定义完成之后，就可以使用这个类创建对象了，并且可以通过“对象名.成员”的方式来访问其中的数据成员和成员方法。语法格式如下：

```
对象变量 = 类名 ( )
```

例如，创建一个Dog对象tom，并调用其中的方法，代码如下：

```
tom = Dog()
tom.drink()
tom.eat()
```

在此强调一个概念——引用，在Python中，引用和其他面向对象编程语言中的引用意思相同，表示的是一个内存地址。上例中使用Dog类创建对象之后，tom变量中存储的是对象在内存中的地址，也就是tom变量引用了新创建的Dog对象。如果使用print输出对象变量，默认情况下，输出这个变量引用的对象名以及所创建的对象在内存中的地址（十六进制形式）。

如果使用Dog类再创建一个对象，例如：

```
jack = Dog()
jack.drink()
jack.eat()
```

那么，tom和jack是同一个对象吗？读者可以上机验证，这样可以进一步加深对对象的认识与理解。

8.2.3 self参数

类中定义的方法中都会有一个self参数，那么self参数到底代表什么呢？如果以前接触过其他面向对象编程语言，例如Java，就很容易理解self参数，self参数其实就相当于Java中的this。Python规定self必须是方法的第1个形参（如果有多个形参）。为了让大家深刻理解self参数的含义，在此打个比方：如果把类比作是图纸，那么由类创建的对象才是真正可以入住的房子。由一张图纸可以设计出成千上万栋房子，但它们的主人不同。每个人只能回自己的家，self参数就相当于每栋房子的门牌号，有了这个号码才能轻松找到自己的房子。那么如何使用self参数呢？

1. 给对象增加属性

在Python中，要给对象设置属性非常容易，只需要在类的外部代码中通过“对象名.属性名”设置即可。但是实际开发中并不推荐这样做，因为对象属性应该封装在类的内部才更加合理。

例如，在第8.2.2节的例子中，要给创建的两个Dog对象添加属性name，可以添加如下代码：

```
tom.name= 'Tom'
jack.name= 'Jack'
```

很显然，这种方式存在很多弊端，当对象过多或者需要设置的属性过多时，代码会非常累赘，同时也违背了面向对象的封装特性。

2. 使用self访问对象的属性

由哪一个对象调用的方法，方法内的self表示的就是哪一个对象的引用。在类封装的方法内部，self就表示当前调用方法的对象自身，调用方法时不需要传递参数给self。在方法内部，可以通过self访问对象的属性，也可以通过“self.”的形式调用对象其他的方法。

例如，对Dog类进行改造，使用self参数访问属性。代码如下：

```
class Dog:
    """这是一个狗类"""
    def eat(self):
        print("%s 爱吃骨头" % self.name)
    def drink(self):
        print("小狗在喝水")
tom = Dog()
tom.name = 'Tom'
tom.eat()
jack = Dog()
jack.name = 'Jack'
jack.eat()
```


运行此程序，结果如下：

```
Tom 爱吃骨头
Jack 爱吃骨头
```

由此例可以看出，在类的外部可以通过“对象名.”访问对象的属性和方法，在类的方法内可以通过“self.”访问对象的属性和方法。

■8.2.4 初始化方法

将上面示例的代码调整为先调用对象的方法，再进行属性的设置，代码如下：

```
tom = Dog()
tom.eat()
```

```
tom.name = 'Tom'
print(tom)
```

执行程序，会出现如下错误信息：

```
AttributeError: 'Dog' object has no attribute 'name'
```

由此可见，在实际编程时不应在类的外部给属性赋初值，因为在运行时没有找到属性，程序会报错。对象要包含的属性应该封装在类的内部，那么如何把属性封装在类内部并且在类内进行初始化呢？这就需要用到__init__()方法。

当使用类名()创建对象时，会自动执行以下操作：

①为对象在内存中分配空间——创建对象。

②为对象的属性设置初值——调用初始化方法。

这里的初始化方法就是__init__()方法，它是对象的内置方法，专门用来定义一个类所应具有的属性。

例如，在Dog类中增加__init__()方法。代码如下：

```
class Dog:
"""这是一个狗类"""
def__init__(self):
    print("初始化方法")

tom = Dog()
```

运行程序，执行结果如下：

```
初始化方法
```

由此可见，当创建对象时，会自动调用__init__()方法。如果在该方法内部使用“self.属性名=属性的初始值”为属性赋初值，那么，使用类创建的所有对象就都会拥有该属性。

例如，在__init__()方法中设置属性并初始化。代码如下：

```
class Dog:
  """这是一个狗类"""
  def __init__(self):
    print("这是一个初始化方法")
    # 定义用Dog类创建的狗对象都有一个 name属性
    self.name = "Tom"
  def eat(self):
```

```
        print("%s 爱吃骨头" % self.name)
# 使用类名()创建对象的时候，会自动调用初始化方法 __init__()
tom = Dog()
tom.eat()
```

执行程序，结果如下：

```
这是一个初始化方法
Tom 爱吃骨头
```

这种做法存在一个弊端，即由类创建的所有对象的name属性的值都是相同的，这显然是不合理的。在实际程序开发时，如果希望不同的对象拥有不同的属性值，可以对__init__()方法进行如下改造，以达到此目的。

①把想要设置的属性值定义成__init__()方法的参数。

②在方法内部使用“self.属性=形参”的形式接收外部传递的实参。

③创建对象时，使用类名(参数1, 参数2, ..., 参数n)的形式。

例如，把属性作为__init__()的参数，其代码如下：

```
class Dog:
    """这是一个狗类"""
    def __init__(self, name):
        print("这是一个初始化方法")
        # 定义用Dog类创建的狗对象都有一个name属性
        self.name = name
    def eat(self):
        print("%s 爱吃骨头" % self.name)
# 使用类名()创建对象的时候，会自动调用初始化方法 __init__()
tom = Dog('Tom')
tom.eat()
jack = Dog('jack')
jack.eat()
```

执行程序，结果如下：

```
这是一个初始化方法
Tom 爱吃骨头
这是一个初始化方法
jack 爱吃骨头
```

当然，有时候不需要显式定义__init__()方法，这完全取决于问题的需求。如果在程序中没有显式定义__init__()方法，系统自动提供一个默认的__init__()方法来执行。

8.2.5 析构方法

如果说__init__()方法是对象的构造器，那么Python也提供了一个析构器，即__del__()方法。当对象将要被销毁的时候，这个方法就会被调用，用来释放对象占用的资源。如果程序没有显式定义该方法，Python将会提供一个默认的析构方法进行必要的清理工作。

__del__方法应用的代码如下：

```
>>> class DelDemo:
  def __init__(self):
    print("__init__方法被调用了！")
  def __del__(self):
    print("__del__方法被调用了！")
>>> d1 = DelDemo()
__init__方法被调用了！
>>> d2 = d1
>>> d3 = d2
>>> del d1
>>> del d2
>>> del d3
__del__方法被调用了！
```

由此可见，只有对对象的所有引用都不存在时，才会把对象从内存销毁，此时才调用__del__()方法。通过对构造方法和析构方法的了解可以看出，在Python中，当使用类名()创建对象时，为对象分配空间后自动调用__init__()方法，而当一个对象被从内存中销毁前，会自动调用__del__()方法。通过重写__init__()方法，可以让创建对象更加灵活；如果希望在对象被销毁前做一些事情，可以重写__del__()方法。这两个方法都是Python的内置方法，除此之外，Python中还有大量的特殊方法，可以支持更多的功能。例如，运算符重载就是通过在类中重写特殊函数来实现的，在此不再一一列举，需要的时候读者可以参阅相关资料。

8.3 类成员与实例成员

使用面向对象思想开发程序时，首先是设计类，然后使用类名()创建对象。创建对象的动作有两个：首先在内存中为对象分配空间，然后调用__init__()方法初始化对象。对象创建后，内存中就存在一个实实在在的对象——实例。

通常，创建出来的对象叫作类的实例，创建对象的动作称为实例化，对象的属性叫作实例属性，对象调用的方法叫作实例方法。

在程序执行时，对象各自拥有自己的实例属性，通过“self.”访问自己的属性和方法。每一个对象都有自己独立的内存空间，保存各自不同的属性。多个对象的方法在内存中只有一份，在调用方法时需要把对象的引用传递到方法内部，如图8-3所示。

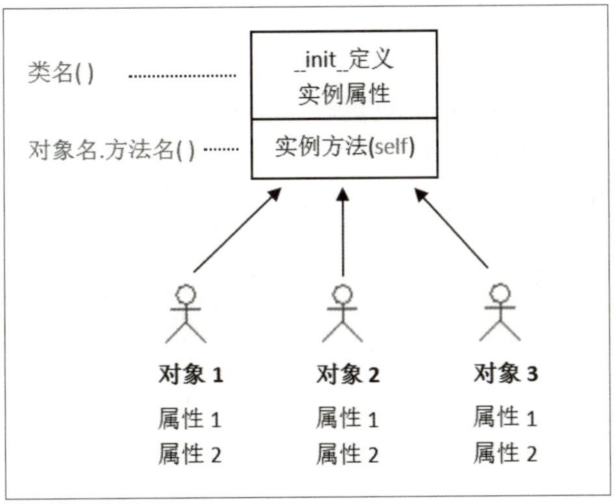

图 8-3　实例成员示意图

在Python中，一切皆对象，类也是一个特殊的对象——类对象。在程序运行时，类对象在内存中只有一份，使用一个类可以创建出多个实例对象。除了封装实例的属性和方法外，类对象还可以拥有自己的属性和方法——类属性和类方法，通过“类名.”的方式访问类属性或是调用类方法。

■8.3.1　类属性和实例属性

类属性就是在类中定义的属性，通常用来记录与这个类相关的特征，不会记录具体对象的特征，一般通过“类名.”访问；而实例属性一般是在构造方法__init__()中定义的，定义和使用时必须以self作为前缀，如图8-4所示。

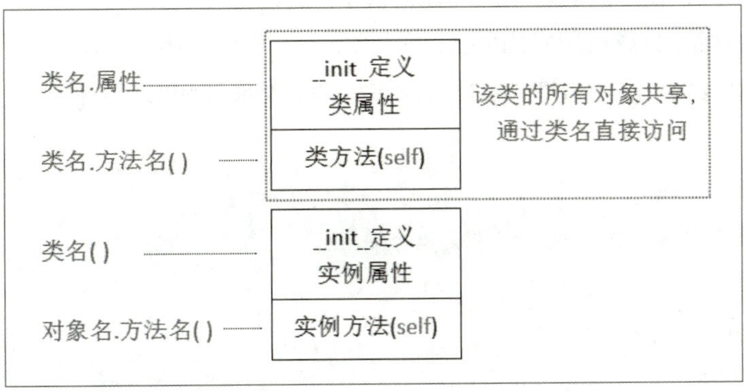

图 8-4　类属性和实例属性示例图

【例8-1】类属性的使用。

功能描述：定义一个玩具类，每个玩具都有自己的名字，现在需要知道用这个玩具类创建了多少个玩具对象。

程序代码如下：

```
class Toy:
  # 使用赋值语句定义类属性，记录创建玩具对象的总数
  count = 0
  def __init__(self, name):
    self.name = name
    # 针对类属性做计数+1操作
    Toy.count += 1
# 创建玩具对象
toy1 = Toy("遥控车")
toy2 = Toy("陀螺")
toy3 = Toy("积木")
# 输出使用Toy类创建的对象个数
print("现在创建了%d个玩具" % Toy.count)
```

执行该程序，结果如下：

```
现在创建了3个玩具
```

其中，count是一个类属性，它的值将在这个类的所有实例之间共享，可以在类内或者类外使用Toy.count访问，也可以通过“对象名.”来访问，但不推荐这样做。特别要注意的是，如果使用“对象名.类属性=值”这样的赋值语句，只会给对象增加一个新的属性，而不会影响到类属性的值。也就是说，Python可以动态地为类和对象增加成员，这是Python动态类型特点的一个重要体现，这一点和很多面向对象的编程语言不同。

【例8-2】动态增加类成员和实例成员。

功能描述：对【例8-1】中的Toy类进行改造，增加类属性和实例方法。

代码如下：

```
class Toy:
  # 使用赋值语句定义类属性，记录创建玩具对象的总数
  count = 0
  def __init__(self, name):
    self.name = name
    # 针对类属性做计数+1操作
    Toy.count += 1
# 创建玩具对象
```

```
toy1 = Toy("遥控车")
toy2 = Toy("陀螺")
toy3 = Toy("积木")
# 增加类属性
Toy.owner = "佩佩"
# 修改实例属性
toy3.name = "拼图"
# 定义实例方法
def setPrice(self,price):
    self.price = price
# 动态为实例增加方法，需要导入types模块
import types
toy1.setPrice = types.MethodType(setPrice,toy1)
toy1.setPrice(200)
# 输出使用 Toy类创建的对象个数
print("现在创建了 %d 个玩具" % Toy.count)
print(toy1.name,"价格是",toy1.price)  # 输出实例toy1的价格
```

执行程序，结果如下：

```
现在创建了 3 个玩具
遥控车 价格是 200
```

■8.3.2 类方法、实例方法和静态方法

1. 类方法

类方法就是针对类对象定义的方法，在类方法内部可以直接访问类属性或者调用其他的类方法，语法格式如下：

```
@classmethod
def 类方法名(cls):
    pass
```

类方法需要用修饰器@classmethod来标识，告诉解释器这是一个类方法。

一般情况下，cls将作为类方法的第1个参数名称，这个参数和实例方法的第1个参数self类似。由哪一个类调用的方法，方法内的cls就是哪一个类的引用。当然，参数名称也可以不用cls而用其他名称，不过习惯上还是用cls。

通过“类名.”调用类方法时，不需要传递cls参数。在方法内部，可以通过“cls.”访问类的属性，也可以通过“cls.”调用其他的类方法。下面通过一个例子来说明类方法的用法。

【例8-3】类方法应用示例。

功能描述：定义一个玩具类，每个玩具都有自己的name，现在要求在类中封装一个show_tool_count方法，输出使用该类创建的对象个数。

代码如下：

```
class Toy:
    # 使用赋值语句定义类属性，记录所有玩具对象的数量
    count = 0
    @classmethod
    def show_toy_count(cls):
        print("玩具对象的数量是 %d" % cls.count)
    def __init__(self, name):
        self.name = name
        # 让类属性的值+1
        Toy.count += 1
# 创建玩具对象
toy1 = Toy("遥控汽车")
toy2 = Toy("积木")
# 调用类方法
Toy.show_toy_count()
```

执行程序，结果如下：

```
玩具对象的数量 2
```

2. 实例方法

实例方法是从属于实例对象的方法。实例方法的定义格式如下：

```
def 方法名(self [,形参列表]) :
    函数体
```

实例方法的调用格式如下：

```
对象.方法名([实参列表])
```

在定义和使用实例方法时，需要注意以下两点：

- 定义实例方法时，第1个参数必须为self。和前面一样，self 指当前的实例对象。
- 调用实例方法时，不需要也不能给self 传递参数，self 由解释器自动传递参数。

【例8-4】实例方法应用举例。

功能描述：定义一个Student类，类中定义一个实例方法show_score()，用于输出学生的成绩。

代码如下：

```
class Student:
    def __init__(self,name,score):
        self.name = name
        self.score = score
    def show_score(self):        #实例方法
        print(self.name,"的分数是：",self.score)
s1 = Student("张三",89)
s2 = Student("李四",78)
s1.show_score()
s2.show_score()
```

运行程序，结果如下：

```
张三 的分数是： 89
李四 的分数是： 78
```

在上面的例子中，s1 = Student()和s1.show_score()这两行代码，实际上在解释器中会翻译成Student.show_score(s1)。同样，对于s2也是如此。也就是说，类的实例方法被类的所有实例共享，它是通过传给self的具体对象来区分调用该方法的对象的。

3. 静态方法

Python中允许定义与“类对象”无关的方法，称为“静态方法”。静态方法和在模块中定义的普通函数没有区别，只不过静态方法放到了类的名字空间里面，需要通过类调用。

静态方法通过装饰器@staticmethod来定义，格式如下：

```
@staticmethod
def 静态方法名([形参列表]):
    函数体
```

说明：@staticmethod必须位于方法的上一行。

调用静态方法的格式如下：

```
类名.静态方法名(参数列表)
```

注意：访问静态方法可直接通过类名访问，不需要实例化对象。在静态方法中访问实例属性和实例方法会导致错误。

例如：

```
class Dog:
    @staticmethod
```

```
    def run():
        # 不访问实例属性/类属性
        print("小狗要跑...")
# 通过类名.调用
Dog.run()
```

最后通过一个例子演示实例方法、类方法和静态方法的使用。

【例8-5】实例方法、类方法和静态方法的综合应用。

功能描述：设计一个Game类，属性包括：一个类属性top_score，用于记录游戏的历史最高分，一个实例属性player_name，用于记录当前游戏的玩家姓名；方法包括：静态方法show_help()，用于显示游戏帮助信息，类方法show_top_score()，用于显示历史最高分，实例方法start_game()，用于开始当前玩家的游戏。

代码如下：

```
class Game: # 定义Game类
    # 历史最高分
    top_score = 0 # 类属性
    def __init__(self, player_name):
        self.player_name = player_name
    @staticmethod    # 定义静态方法
    def show_help():
        print("帮助信息：让悟空进入大门")
    @classmethod    # 定义类方法
    def show_top_score(cls):
        print("历史记录 %d" % cls.top_score)
    def start_game(self):  # 定义实例方法
        print("%s 开始游戏啦..." % self.player_name)
        # 修改历史最高分
        Game.top_score = 10000
# 1. 查看游戏的帮助信息
Game.show_help() # 调用静态方法
# 2. 查看历史最高分
Game.show_top_score() # 调用类方法
# 3. 创建游戏对象
game = Game("小明")
game.start_game() # 调用实例方法
```

程序执行结果如下：

```
帮助信息：让悟空进入大门
历史记录 0
小明 开始游戏啦...
```

最后，总结三类方法的使用场景，具体如下：

①实例方法：在方法内部可以访问实例属性，也可以访问类属性。

②类方法：在方法内部只需要访问类属性。

③静态方法：在方法内部不需要访问实例属性和类属性。

如果在方法内部既需要访问实例属性，又需要访问类属性，那么此时应该把方法定义为实例方法，因为只有实例方法才可以访问这两种属性。

8.4 私有成员和@property装饰器

在Python中，默认情况下类的成员在类的外部都是完全可见的。其中一些成员可能的确需要在类的内外都能访问，这也是类与外部程序进行交互的主要方式；但是还有一些成员，它们的作用是在类的内部保存一些中间数据或临时方法。对于这些成员，最好能用某种机制将它们“隐藏”在类的内部，以避免它们被外部用户直接修改或调用。

8.4.1 私有成员

Python对于类的成员没有严格的访问控制限制，这是与其他面向对象语言的区别之一。对于私有属性和私有方法，Python有如下规定：

①通常约定，由两个下画线开头的属性和方法是私有的（private），其他为公共的（public）。

②类内部可以访问私有属性/方法。

③类外部不能直接访问私有属性/方法。

④类外部可以通过“_类名__私有属性”或“_类名__方法名”访问私有属性或方法。

例如，在类中定义私有成员，代码如下：

```
class Women:
    def __init__(self, name):
        self.name = name
        self.__age = 18
    def __secret(self):
        # 在对象的方法内部是可以访问对象的私有属性的
        print("%s 的年龄是 %d" % (self.name, self.__age))
xiaofang = Women("小芳")
# 私有属性，在外界不能够被直接访问
```

```
print(xiaofang.__age)
# 私有方法，同样不允许在外界直接访问
xiaofang.__secret()
```

运行程序，显示错误信息如下：

```
AttributeError: 'Women' object has no attribute '__age'
```

在Python中，实际上并没有真正意义的私有，只是对名字做了特殊处理，使得外界无法访问。实际上还是可以通过特殊方式访问私有成员的，在私有成员名称前加“_类名”，即“_类名__私有成员名”，就可以访问私有成员。

对上面的代码进行修改，修改后的代码如下：

```
class Women:
    def __init__(self, name):
        self.name = name
        self.__age = 18
    def __secret(self):
        # 在对象的方法内部是可以访问对象的私有属性的
        print("%s 的年龄是 %d" % (self.name, self.__age))
xiaofang = Women("小芳")
# 伪私有属性，在外界不能够被直接访问
print(xiaofang._Women__age)
# 伪私有方法，同样不允许在外界直接访问
xiaofang._Women__secret()
```

运行程序，输出结果如下：

```
18
小芳 的年龄是 18
```

私有成员是为了封装数据和保密性而设置的，一般只能在类的成员方法（类的内部）中使用。虽然Python支持这种特殊的方式从外部直接访问私有成员，但实际开发中并不推荐这种做法。

在Python中，以下画线开头的变量名和方法名具有特殊含义，特别是在类的定义中，使用下画线作为变量名和方法名的前缀和后缀来表示类的特殊成员。

①_xxx：这样的对象被称为保护成员，不能用from module import *语句导入，只有类对象和子类对象能访问这些成员。

②__xxx__：系统定义的特殊成员。

③__xxx：类中的私有成员，只有类对象自己能访问，子类对象也不能访问。然而，它可以

在对象外部通过“对象名._类名__xxx”这种形式访问，因为Python中不存在严格意义上的私有成员，都是伪私有的。

■8.4.2 @property装饰器

@property装饰器用于将一个方法转换为属性，其主要作用是允许通过访问属性的方式调用一个方法，而不需要在调用时再加括号。这样做的好处是代码更加简洁、直观，并且可以更好地控制对属性的访问和修改。

使用@property装饰器可以定义只读属性、可写属性，甚至可以在设置或删除属性时执行特定的逻辑。下面通过一个具体的示例展示@property装饰器的用法和优势。

【例8-6】@property装饰器的用法。

功能描述：定义一个Person类，对其中的方法使用装饰器，调用方法时按照使用属性的方式进行。

代码如下：

```
class Person:
    def __init__(self, first_name, last_name):
        self._first_name = first_name
        self._last_name = last_name

    @property
    def full_name(self):
        """返回完整的姓名"""
        return f"{self._first_name} {self._last_name}"

    @property
    def first_name(self):
        """获取名字"""
        return self._first_name

    @first_name.setter
    def first_name(self, value):
        """设置名字，确保名字不为空"""
        if not value:
            raise ValueError("First name cannot be empty")
        self._first_name = value

    @property
    def last_name(self):
        """获取姓氏"""
```

```
        return self._last_name

    @last_name.setter
    def last_name(self, value):
        """设置姓氏，确保姓氏不为空"""
        if not value:
            raise ValueError("Last name cannot be empty")
        self._last_name = value

# 创建一个Person对象
person = Person("John", "Doe")

# 访问full_name属性（实际上是调用了一个方法，但无须加括号）
print(person.full_name)  # 输出: John Doe

# 访问first_name和last_name属性
print(person.first_name)  # 输出: John
print(person.last_name)  # 输出: Doe

# 修改first_name和last_name属性
person.first_name = "Jane"
person.last_name = "Smith"

# 再次访问full_name属性，它会自动更新
print(person.full_name)  # 输出: Jane Smith

# 尝试设置无效的名字（空字符串）将引发ValueError异常
try:
    person.first_name = ""
except ValueError as e:
    print(e)  # 输出: First name cannot be empty
```

运行程序，结果如下：

```
John Doe
John
Doe
Jane Smith
First name cannot be empty
```

在此例中定义了一个Person类，其中包含由@property转换的full_name、first_name和last_name 3个属性。full_name是一个只读属性，它通过组合first_name和last_name来生成完整的姓名。first_name和last_name属性都有getter和setter方法，用于获取和设置名字。setter方法中包含了一项检查，以确保名字不为空。

@property装饰器的优势在于：

- **代码简洁性：** 通过访问属性的方式调用方法，无须使用括号，使代码更加简洁。
- **封装性：** 可以隐藏实现细节，只暴露必要的接口给外部使用。
- **数据验证：** 在设置属性时可以进行数据验证，确保数据的合法性和一致性。
- **计算属性：** 可以通过方法来动态计算属性的值，而不是直接存储在实例变量中。
- **灵活性：** 可以随时更改属性的实现逻辑，而无须修改调用代码。

8.5 继承

继承是面向对象程序设计的重要特征，也是实现代码复用的重要手段。

如果一个新类继承自一个设计好的类，就直接具备了已有类的特征，这将大大降低工作难度。已有的类，通常称为“父类”或者“基类”；新的类，通常称为“子类”或者“派生类”。

类之间的继承关系是代码复用的一种形式，它表示类之间的内在联系以及对属性和行为的共享。也就是说，子类可以沿用父类的某些特征，并根据自己的需要添加新的属性和操作。图8-5很好地反映了继承对软件开发带来的好处。

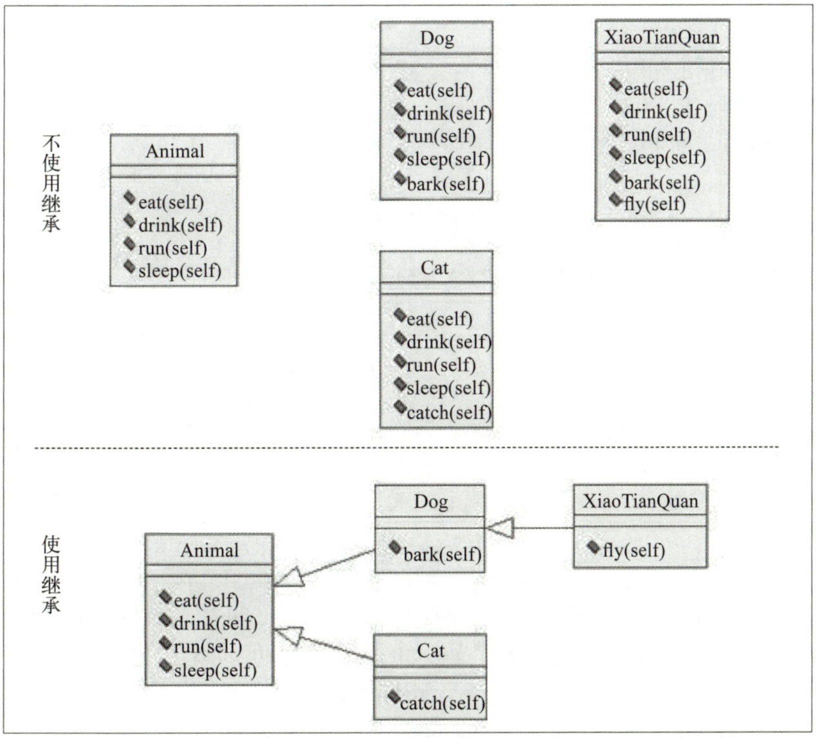

图 8-5 继承的优势

■8.5.1 单一继承

单一继承是指子类只能有一个父类，但父类可以拥有多个子类。单一继承的语法结构如下：

```
class 类名(父类名):
    pass
```

子类继承自父类，可以直接享有父类中已经封装好的方法，不需要再次开发。子类应该根据自身的特性，封装子类特有的属性和方法。继承具有传递性，即子类会继承父类的父类的属性和方法。

如果在类定义中没有指定父类，则默认父类是object类。也就是说，object是所有类的父类，其中定义了一些所有类共有的默认实现，如__new__()方法。

定义子类时，如果需要调用父类构造方法，则必须在其构造函数中调用父类的构造函数。调用格式如下：

```
父类名.__init__(self, 参数列表)
```

例如，定义一个子类Student，它继承了父类Person。代码如下：

```
class Person:   #定义父类
    def __init__(self,name,age):
        self.name = name
        self.__age = age
    def say_age(self):
        print(self.name,"的年龄是：",self.__age)

class Student(Person):   #定义子类
    def __init__(self,name,age,score):
        self.score = score
        Person.__init__(self,name,age) #构造函数中包含调用父类构造函数的语句

s1 = Student("子舒",16,98)
s1.say_age()
print(dir(s1))   #输出对象的所有属性和方法
```

运行结果如下：

```
子舒 的年龄是: 16
['_Person__age', '__class__', '__delattr__', '__dict__', '__dir__', '__doc__', '__eq__', '__format__', '__ge__', '__getattribute__', '__gt__', '__hash__', '__init__', '__init_subclass__', '__le__', '__lt__', '__module__', '__ne__', '__new__', '__reduce__', '__reduce_ex__', '__repr__', '__setattr__', '__sizeof__', '__str__', '__subclasshook__', '__weakref__', 'name', 'say_age', 'score']
```

1. 方法重写

当父类的方法实现不能满足子类需求时，子类可以对父类的方法进行修改，在子类中重新定义和父类同名的方法，这就是方法重写。

重写父类方法有两种情况：一种是覆盖父类方法，另一种是对父类进行扩展。

（1）覆盖父类方法

如果父类的方法实现和子类的方法实现完全不同，就可以使用覆盖的方式，在子类中重新编写父类的方法实现。具体而言，就是在子类中定义一个和父类同名的方法并且实现它。方法重写之后，在运行时，通过子类对象调用的是子类中重写的方法，而不是父类封装的方法。

（2）对父类进行扩展

如果子类的方法实现中包含父类的方法实现，就可以使用这种方式，即在子类中重写父类的方法，但在需要父类方法提供功能的地方仍然调用父类方法执行（使用“super().父类方法”调用）。代码其他位置针对子类的需求，编写子类特有的代码实现。

这里所说的super是Python中一个特殊的类，super()就是使用super类创建出来的对象，最常使用的场景就是在重写父类方法时，通过它调用父类被重写的方法。当然想调用父类被重写的方法，也可以采用“父类名.方法(self)”的方式，但不推荐使用这种方式，因为一旦父类发生变化，方法调用位置的类名同样需要修改。

重写父类方法的示例代码如下：

```
class Animal:                # 定义父类
    def eat(self):
        print("吃---")
    def drink(self):
        print("喝---")
    def run(self):
        print("跑---")
    def sleep(self):
        print("睡---")
class Dog(Animal):           # 定义子类
    def bark(self):
        print("汪汪叫")
class XiaoTianQuan(Dog):  # 定义子类
    def fly(self):
        print("我会飞")
    def bark(self):
        # 1. 针对子类特有的需求，编写代码
        print("神一样的叫唤...")
        # 2. 使用 super(). 调用原本在父类中封装的方法
        super().bark()
```

```
    # 父类名.方法(self)
    # Dog.bark(self)
    # 注意：如果使用子类调用方法，会出现递归调用，陷入死循环
    # XiaoTianQuan.bark(self)
    # 3. 增加其他子类的代码
    print("噜啦啦噜啦啦")
xtq = XiaoTianQuan()
# 如果子类中重写了父类的方法
# 在使用子类对象调用方法时，会调用子类中重写的方法
xtq.bark()
```

执行程序，结果如下：

```
神一样的叫唤...
汪汪叫
噜啦啦噜啦啦
```

object对象有一个__str__()方法，用于返回对象的字符串表示形式，对应于内置函数str()，经常用于print语句中，以实现查看对象的信息。__str__()方法可以重写，例如：

```
class Person:
  def __init__(self,name,age):
    self.name = name
    self.__age = age
  def __str__(self):  #重写方法
    ""将对象转化成一个字符串，一般用于print语句""
    return "名字是：{0},年龄是{1}".format(self.name,self.__age)
p = Person("佩佩",8)
print(p)
```

运行程序，结果如下：

```
名字是：佩佩,年龄是8
```

2. 父类的私有属性和私有方法

子类对象不能在自己的方法内部直接访问父类的私有属性或私有方法，但是子类对象可以通过父类的公有方法间接访问父类的私有属性或私有方法。

【例8-7】子类访问父类的私有成员。

功能描述：A和B两个类的关系如图8-6所示。B类的对象不能直接访问__num2属性，也不能在demo方法内访问__num2属性。B类的对象可以在demo方法内调用父类的test()方法，父类的test()方法内部，能够访问__num2属性和__test()方法。

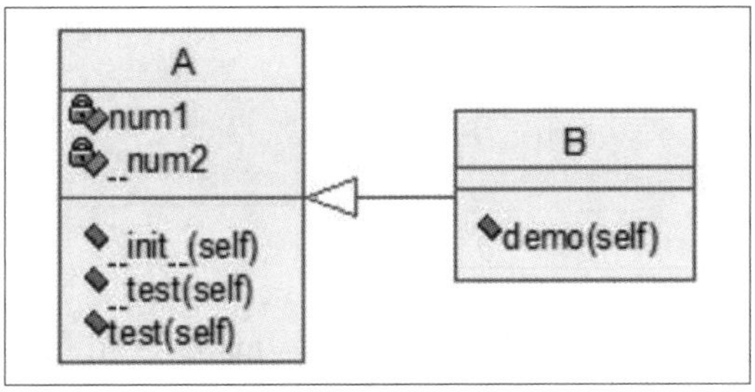

图 8-6　A 和 B 的关系图

代码如下：

```
class A:
    def __init__(self):
        self.num1 = 100
        self.__num2 = 200
    def __test(self):
        print("私有方法 %d %d" % (self.num1, self.__num2))
    def test(self):
        print("父类的公有方法 %d" % self.__num2)
        self.__test()
class B(A):
    def demo(self):
        # 1. 在子类的对象方法中，不能访问父类的私有属性
        # print("访问父类的私有属性 %d" % self.__num2)
        # 2. 在子类的对象方法中，不能调用父类的私有方法
        # self.__test()
        # 3. 访问父类的公有属性
        print("子类方法 %d" % self.num1)
        # 4. 调用父类的公有方法
        self.test()
        pass
# 创建一个子类对象
b = B()
b.demo()
# 在外界访问父类的公有属性/调用公有方法
# print(b.num1)
# b.test()
# 在外界不能直接访问对象的私有属性/调用私有方法
# print(b.__num2)
# b.__test()
```

执行程序，结果如下：

```
子类方法 100
父类的公有方法 200
私有方法 100 200
```

若去掉“print("访问父类的私有属性%d" % self.__num2)”和“self.__test()”这两行代码前面的注释符号（#），语句改为可执行语句，此时运行程序，系统会报语法错误。

■8.5.2 多重继承

Python支持多继承，即子类可以拥有多个父类，并且具有所有父类的属性和方法。多重继承的语法格式如下：

```
class 子类名(父类名1, 父类名2...)
    pass
```

多重继承示例的代码如下：

```
class A:
    def test(self):
        print("test 方法")
class B:
    def demo(self):
        print("demo 方法")
class C(A, B):  # C类继承A类、B类两个父类
    """多重继承可以让子类对象同时具有多个父类的属性和方法"""
    pass
# 创建子类对象
c = C()
c.test()
c.demo()
```

执行程序，结果如下：

```
test 方法
demo 方法
```

如果不同的父类中存在同名的方法，子类对象在调用方法时，会调用哪一个父类中的方法呢？在Python中针对类提供了一个内置属性__mro__，可以查看方法的搜索顺序。在搜索方法时，是按照__mro__的输出结果从左至右的顺序查找的。如果在当前类中找到方法，则直接执行，不再搜索；如果没有找到，就查找下一个类中是否有对应的方法，如果找到最后一个类还没有找到方法，程序会报错。

多重继承其实很容易导致代码混乱，因此当不确定是否真的必须使用多重继承的时候，应尽量不使用多重继承，避免有些时候出现不可预见的错误。

8.6 多态

多态是面向对象编程的重要特征之一，它以继承和重写父类的方法为前提，当不同子类对象调用相同的父类方法时，会产生不同的执行结果，这就是所谓的多态。多态可以提高代码的灵活性，是一种调用方法的技巧，它并不会影响类的内部设计。当类作为函数的参数时，最能体现多态的好处。

多态有两个必要条件：继承和方法的重写。如图8-7所示，“程序员”类和“设计师”类是父类“人类”的两个子类，父类定义了work()方法，两个子类分别重写了work()方法，当然具体实现细节不同。那么通过程序员对象调用work()方法和通过设计师对象调用work()方法的执行结果是不同的。

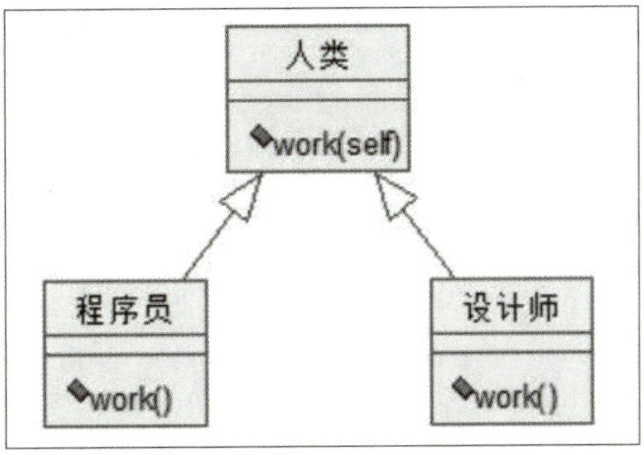

图 8-7 多态示意图

下面通过一个具体的例子演示多态的用法。

【例8-8】多态应用示例。

功能描述：对Dog类进行改造，在类中定义一个game()方法，实现的功能是狗可以进行简单的玩耍；子类XiaoTianQuan继承Dog类，并且重写了game()方法，但XiaoTianQuan需要在天上玩耍；最后定义一个Person类，并且封装一个game_with_dog(self,dog)方法，实现的功能是“和狗玩耍”，在此方法中，直接让参数dog调用game()方法。类关系如图8-8所示。

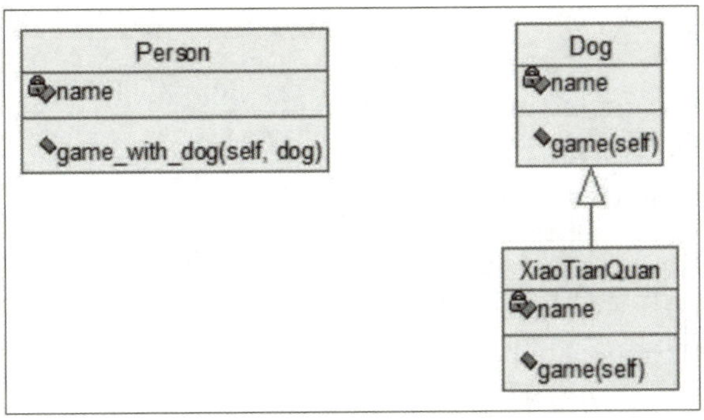

图 8-8 类的关系图

编码实现以上需求，代码如下：

```
class Dog(object):
    def __init__(self, name):
        self.name = name
    def game(self):
        print("%s 蹦蹦跳跳地玩耍..." % self.name)
class XiaoTianQuan(Dog):
    def game(self):
        print("%s 飞到天上去玩耍..." % self.name)
class Person(object):
    def __init__(self, name):
        self.name = name
    def game_with_dog(self, dog):
        print("%s 和 %s 快乐地玩耍..." % (self.name, dog.name))
        # 让狗玩耍
        dog.game()
# 1. 创建一个狗对象
wangcai = XiaoTianQuan("飞天狗")
# 2. 创建一个Person对象
peipei = Person("佩佩")
# 3. 让peipei调用和狗玩的方法
peipei.game_with_dog(wangcai)
```

执行程序，结果如下：

```
佩佩 和 飞天狗 快乐地玩耍...
飞天狗 飞到天上去玩耍...
```

如果需求发生变化，现在Dog类要新增一个子类Hashiqi，要求Person的对象既可以和XiaoTianQuan对象玩耍，又可以和Hashiqi对象玩耍，那么只需要在Hashiqi中重写game()方法，在Person的game_with_dog()方法中传入Hashiqi对象即可，其他代码可以保持不变。程序可以改写为如下代码：

```
class Dog(object):
    def __init__(self, name):
        self.name = name
    def game(self):
        print("%s 蹦蹦跳跳地玩耍..." % self.name)
class XiaoTianQuan(Dog):
```

```
    def game(self):
        print("%s 飞到天上去玩耍..." % self.name)
class Hashiqi(Dog):  # 新增的Dog的子类
    def game(self):
        print("%s 抱着球球玩耍..."%self.name)
class Person(object):
    def __init__(self, name):
        self.name = name
    def game_with_dog(self, dog):
        print("%s 和 %s 快乐地玩耍..." % (self.name, dog.name))
        # 让狗玩耍
        dog.game()
# 1. 创建一个狗对象
wangcai = Hashiqi("哈士奇狗")
# 2. 创建一个Person对象peipei
peipei = Person("佩佩")
# 3. 让peipei调用和狗玩的方法
peipei.game_with_dog(wangcai)
```

执行程序，结果如下：

```
佩佩 和 哈士奇狗 快乐地玩耍...
哈士奇狗 抱着球球玩耍...
```

从代码中可以看出，尽管新增了一个Dog的子类，却不必对Person的game_with_dog()方法进行任何修改。实际上，任何以Dog作为参数的函数或方法都可以不加修改地正常运行，这正是因为多态的特性。

多态的好处显而易见：当方法需要接收Dog的子类对象时，只需要将形参定义为Dog类型即可，因为所有的子类对象都可以被父类变量接收。针对上面的代码，对于一个变量，只需要知道它是Dog类型，无须确切地知道它的子类型，就可以放心地调用game()方法，而具体调用的game()方法是作用在Dog、XiaoTianQuan还是Hashiqi对象上，由运行时该对象的确切类型决定。这就是多态的真正作用：调用方只管方法调用，不管细节，而当新增一种新的子类类型时，只要进行方法重写即可，而不用管原来的代码是如何调用的。这就是著名的“开闭”原则，它主要包含以下两方面的内容。

①对扩展开放：如允许新增Dog子类。

②对修改封闭：如需要修改Dog类型的game_with_dog()方法。

课后作业

练习1：定义一个类Dog，它具有3个属性：name、age和breed，还包含一个bark()方法，实现“狗叫”的功能，再重写父类Object中的__str__()方法，返回Dog对象的具体信息。

练习2：创建一个表示矩形的类，并添加计算面积和周长的方法。

练习3：创建一个表示银行账户的类，包括存款和取款两个方法。

练习4：设计一个学生类（Student），该类中包含多个属性和方法。

属性包括：

①姓名（name）：字符串型，表示学生的姓名。

②年龄（age）：整型，表示学生的年龄。

③成绩（score）：浮点型，表示学生的成绩（0～100）。

方法包括：

①__init__(self, name, age, score)：初始化方法，用于设置学生的姓名、年龄和成绩。

②study(self)：学习方法，模拟学生学习过程，输出“XXX正在学习”（XXX为学生姓名）。

③get_info(self)：获取学生信息的方法，返回学生的姓名、年龄和成绩。

第9章

文件处理

内容概要

在软件设计中，将内存中的数据转换为可以写入文件的过程称之为“序列化”。反之，将从文件中读取的内容重新转换为内存中的数据结构的过程称之为“反序列化”。这两个过程是软件设计中非常重要的环节，涉及对文件的各种操作。本章将介绍文件的基本概念、文件的读写操作、数据的序列化和反序列化、目录的相关操作等内容。

数字资源

【本章源代码】：“源代码\第9章”目录下

9.1 文件概述

文件是指记录在存储介质上的一组相关信息的集合，存储介质可以是纸张、计算机磁盘、光盘或其他电子媒体、照片或标准样本，或它们的组合。本节主要介绍常见的文件类型、Windows操作系统中文件的路径、Python中对文件进行操作的基本模块等。

9.1.1 文本文件和二进制文件

按文件中数据的组织形式，文件可以分为文本文件和二进制文件两大类。

1. 文本文件

文本文件是一种包含人类可读字符的文件，如ASCII字符或Unicode字符。这些字符按照一定的编码（如UTF-8、GBK、ASCII等）存储，并且可以通过文本编辑器或终端等程序进行查看和编辑。文本文件具有以下特点：

①内容以文本形式存储，可读性强。

②适用于存储文本数据，如文档、源代码、配置文件等。

③编码方式多样，需要根据实际情况选择正确的编码进行读取和写入。

2. 二进制文件

二进制文件是包含二进制数据（即0和1的序列）的文件。这些数据通常用于表示程序、图像、音频、视频等复杂信息。由于二进制数据不是直接可读的，因此需要使用专门的程序或工具来解析和处理。二进制文件具有以下特点：

①内容以二进制形式存储，不可直接阅读（对于人类而言）。

②适用于存储非文本数据，如程序、图像、音频、视频等。

③无须考虑字符编码问题，直接以字节为单位进行读写。

9.1.2 基于Windows操作系统的文件和路径

为了实现对文件的操作，首先应该认识和理解文件的路径，找到文件后才能进行操作。计算机文件的路径是基于操作系统的，因此在讨论文件路径时离不开操作系统。在此只介绍Windows操作系统的路径。

Windows操作系统中的文件和文件夹被组织在一个层次化的目录结构中。从根目录（如C:\）开始，逐级向下包含各种子文件夹。在操作系统里，路径可以分为两种，即绝对路径和相对路径。在了解路径之前先介绍一个重要的概念——当前目录。如果没有特别说明，“当前目录”指的是当前执行文件所在的目录。在Windows操作系统的命令行模式下，“当前目录”指的是光标之前所描述的目录，如图9-1所示，“当前目录”就是“C:\Users\华为”。

图 9-1　当前目录

在IDLE里，启动后进入的当前目录就是Python的安装目录。如果是在IDLE中执行Python文件，那么当前路径就是Python文件所在的目录。如图9-2所示，当前执行的文件是dog.py，该文件所在的位置是“ E:\dog.py”，则“E:\”就是当前目录。

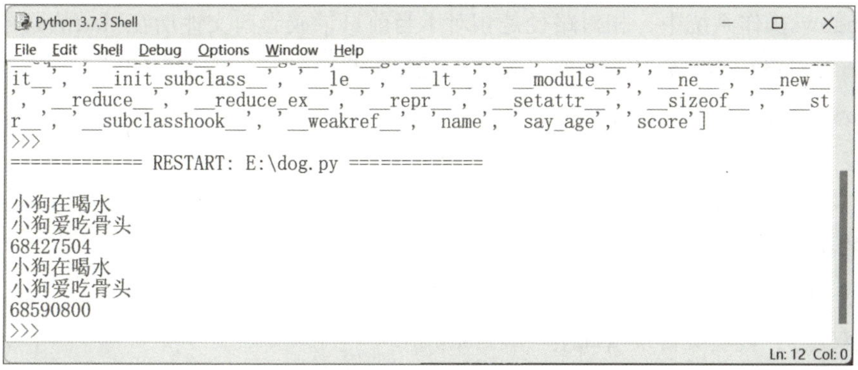

图 9-2　执行 Python 文件

1. 绝对路径

在Windows操作系统中，绝对路径是指从根目录（通常是某个驱动器，如C:\）开始的完整路径，它直接指向文件或文件夹在磁盘上的确切位置。绝对路径的构成通常包括驱动器盘符、目录名（如果有的话）、文件名和可能的文件扩展名，所有这些都通过反斜杠（\）进行分隔。

下面对Windows中的绝对路径进行详细说明。

（1）盘符和根目录

绝对路径通常以驱动器盘符开始，如“C:\”“D:\”等。根目录是指驱动器上最顶层的目录，其路径就是驱动器盘符后直接跟一个反斜杠，如“C:\”。

（2）目录和子目录

在根目录之后，可以跟随一系列的目录名（也称为文件夹名），以指定文件或文件夹的具体位置。每个目录名之间用反斜杠（\）分隔，如“C:\Users\UserName\Documents\”。

（3）文件名和扩展名

在目录路径的最后，指定要访问的文件名。如果需要，还可以包括文件的扩展名，用以指示文件的类型，如.txt、.jpg、.exe等。文件名和扩展名之间用点（.）分隔，如“C:\Users\UserName\Documents\example.txt”。

（4）绝对路径的特点

绝对路径是完整的、唯一的，可以直接定位到文件或文件夹的准确位置。不论当前工作目录是什么，使用绝对路径总能找到目标文件或文件夹。绝对路径在跨目录、跨驱动器甚至跨计算机访问文件时特别有用。

假设要访问位于C盘Users目录下UserName子目录中Documents文件夹中的example.txt文件，其绝对路径就是“C:\Users\UserName\Documents\example.txt”。

总之，Windows中的绝对路径是从根目录（通常是某个驱动器）开始，通过反斜杠（\）分隔的目录名、文件名和文件扩展名组成的完整路径，它提供了直接、准确访问文件或文件夹的方式。

2. 相对路径

在Windows操作系统中，相对路径是相对于当前目录或当前文件所在目录的路径。与绝对路径不同，相对路径不需要从根目录开始，而是根据当前位置来指定文件或文件夹的路径。下面对Windows中的相对路径进行详细说明。

（1）定义

相对路径是指从当前文件或目录所在的位置开始，通过特定的符号和路径名称指向目标文件或目录的路径。其中：

- .（点）：代表当前目录。
- ..（双点）：代表父目录（即上一级目录）。
- \（反斜杠）：用于分隔目录和文件名。

例如：

假设当前目录是“C:\Users\UserName\Documents”，要访问该目录下的“example.txt”文件，相对路径就是“.\example.txt”（因为当前目录就是目标文件所在的目录）。

如果要访问父目录UserName下Pictures文件夹中的image.jpg文件，相对路径就是“..\Pictures\image.jpg”（..表示父目录，即UserName目录）。

（2）特点

相对路径更加灵活，因为它不需要指定完整的文件路径，只需从当前位置开始指定相对位置即可。当文件或目录被移动时，使用相对路径的文件或程序可能仍然能够正常工作，因为相对路径是基于当前位置而不是固定的磁盘位置。在编写脚本、程序或文档时，使用相对路径可以使文件或程序更加易于移植和共享。

（3）注意事项

在使用相对路径时，需要注意当前目录或当前文件所在目录的位置，因为相对路径是相对于这个位置来指定的。

在不同的操作系统中，路径分隔符可能不同，例如，Windows的路径分隔符是“\”，而Linux和macOS的路径分隔符是“/”。在编写跨平台代码时，需要注意这一点。

9.1.3 文件操作相关的模块

Python标准库中提供了多个与文件操作相关的模块，表9-1列出了这些模块的名称和具体功能说明，后续会介绍相关模块的具体用法。

表 9-1 常用文件操作模块

模块名称	功能说明
io模块	用于处理流（包括文件）的类
os模块	主要用于与操作系统相关的功能，包括文件操作
glob模块	查找符合特定规则的文件路径名
fnmatch模块	使用模式来匹配文件路径名
fileinput模块	处理多个输入文件
filecmp模块	用于文件的比较
cvs模块	用于csv文件处理
pickle和cPickle	用于序列化和反序列化
xml包	用于XML数据处理
bz2、gzip、zipfile、zlib、tarfile	用于处理压缩和解压缩文件（分别对应不同的算法）

9.2 文件的基本操作

Python对文件的操作主要包括文件的打开、关闭、写入和读取等，这些操作是通过具体的方法来实现的，表9-2列出了文件操作的常用方法。

表 9-2 文件操作的常用方法

方法名	说　明
read([size])	从文件中读取size个字节或字符的内容返回。若省略[size]，则读取到文件末尾，即一次读取文件的所有内容
readline()	从文本文件中读取一行内容
readlines()	把文本文件中的每一行都作为独立的字符串对象，并将这些对象放入列表返回
write(str)	将字符串str写入文件
writelines(s)	将字符串列表s写入文件，不添加换行符
seek(offset[,whence])	把文件指针移动到新的位置，offset表示相对于whence偏移的字节数；whence表示偏移的起始位置，有3个可能的取值：0（从文件头开始计算，默认值）、1（从当前位置开始）、2（从文件尾开始计算）

（续表）

方法名	说　明
tell()	返回文件指针的当前位置
truncate([size])	不论指针在什么位置，只留下指针前size个字节的内容，其余全部删除；如果没有传入size，则指针当前位置到文件末尾内容全部删除
flush()	把缓冲区的内容写入文件，但不关闭文件
close()	把缓冲区内容写入文件，同时关闭文件，释放文件对象相关资源

■9.2.1　文件的打开

在Python中，打开文件使用open函数，它返回一个被称为“文件句柄”的对象，由这个对象来操作文件。打开文件的语法格式如下：

```
file 对象名 = open(文件名, [打开模式])
```

文件名包括文件的路径和名称。在Python中，如果需要打开的文件与程序文件不在同一目录下，需要提供文件的路径，可以使用绝对路径，也可以使用相对路径。打开模式表示打开文件的模式，一般有只读、写入、追加等。这个参数是非强制的，默认文件访问模式为只读（r）。表9-3展示了文件的打开模式。

表 9-3　文件的打开模式

模　式	可执行的操作	格　式	若文件不存在	文件指针在文件的位置
r	只读	字符串	报错	开头
rb	只读	二进制	报错	开头
r+	读写	字符串	报错	开头
rb+	读写	二进制	报错	开头
w	只写	字符串	创建新文件	开头
wb	只写	二进制	创建新文件	开头
w+	读写	字符串	创建新文件	开头
wb+	读写	二进制	创建新文件	开头
a	追加	字符串	创建新文件	末尾
ab	追加	二进制	创建新文件	末尾
a+	追加，可读取	字符串	创建新文件	末尾
ab+	追加，可读取	二进制	创建新文件	末尾

在实际编程中，很少使用加“b”的模式。“r”“w”“a”三种模式与对应的“r+”“w+”“a+”相比，前者只允许读或者写，后者允许同时读写，具体使用哪种模式需要根据实际情况确定。另外，“a”和“w”模式都能实现写操作，这两种模式的差别在于：使用“w”相当于把文件清空，从头开始写；使用“a”则不清空文件，直接把内容追加到文件最后面。具体使用

哪种模式也需要根据实际情况确定。

例如，要打开位于本地磁盘上的文件“D:\code\a.txt”进行写操作，可以使用如下语句：

```
f = open("D:\\code\\a.txt","w")
```

为了减少“\”的输入，可以使用原始字符串的形式，将上述语句改为以下形式即可。

```
f = open(r"D:\code\a.txt","w")
```

■9.2.2 文件的关闭

在完成已打开文件的相关操作后，一定要记得关闭文件，否则其他程序将无法操作该文件。关闭文件使用close函数，调用该函数时，首先会把缓冲区数据写入文件，也可以直接调用flush()方法，再关闭文件，释放文件对象。

为了确保打开的文件对象正常关闭，一般会结合异常处理机制的finally或者with关键字来实现，这样无论何种情况都能关闭打开的文件对象。

1. 利用异常机制的finally关闭文件对象

具体示例代码如下：

```
try:
    f = open(r"test1.txt","a")
    str = "wangjie"
    f.write(str)
except BaseException as e:
    print(e)
finally:
    f.close()    # 关闭文件
```

这样在操作文件的过程中，无论发生什么异常，最后都能保证关闭文件。

2. 使用with关闭文件

每次都要通过close函数关闭文件比较烦琐，更简单的方法是使用with关键字来关闭文件。with关键字（上下文管理器）可以自动管理上下文资源，无论什么原因跳出with块，都能确保文件正确关闭，并且可以在代码块执行完毕后自动还原进入该代码块时的现场。

具体示例代码如下：

```
>>> with open('test1.txt','w+') as f:
        f.write('hello kitty')
>>> f = open('test1.txt','r')
>>> f.read()
'hello kitty'
```

可以看出，使用这种方式操作文件句柄时，只要with代码段结束了，句柄就自动释放。

■9.2.3　文件的写入

文件的写入一般分为三步：第一步，创建文件对象；第二步，写入数据；第三步，关闭文件对象。

例如，写入两行信息到一个文本文件中，代码如下：

```
>>> with open("test2.txt","w+") as f:
        f.write("姓名：张三\n年龄：20\n")
```

运行代码后打开“test2.txt”文件，文件中的内容如图9-3所示。

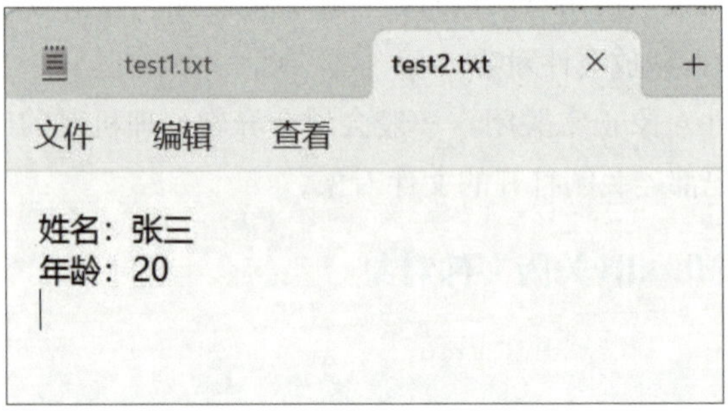

图 9-3　文件 test2.txt 的内容

当然，也可以通过writelines函数添加字符串列表到文件中，代码如下：

```
>>> with open(r"d:\test3.txt","w") as f:
        s = ["中国\n","河南\n","郑州\n"]
        f.writelines(s)
```

运行上述代码，打开d盘根目录下的“test3.txt”文件，结果如图9-4所示。

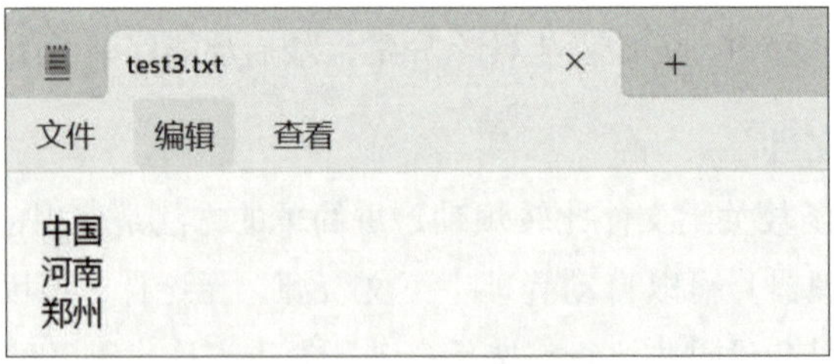

图 9-4　文件 test3.txt 的内容

需要注意的是，无论使用哪个函数写入文件后，文件指针所在的位置都在文件的结尾。如果想从头读取文件的内容，一定要先使用seek函数将指针定位到文件的开头位置。但是，如果再次对文件进行写入，则是从当前文件指针的位置开始写入的。因此，在写入文件之前要充分考虑和做好规划，不要随意移动文件指针，否则可能导致一些意想不到的后果。

■9.2.4 文件的读取

在Python中，读取文件内容的方法有read()、readline()和readlines()三种。下面以读取位于D盘根目录下的文件“test4.txt”中的内容（见图9-5）为例介绍这些方法的使用。

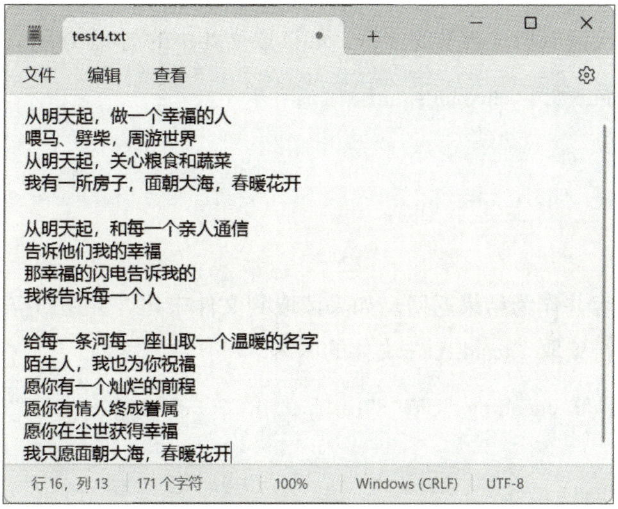

图 9-5 文件 test4.txt 的内容

1. read([size])

从文件中读取size个字符，并作为结果返回。如果没有指定size参数，则读取整个文件。如果读取到文件末尾，会返回空字符串。代码如下：

```
>>> with open(r"d:\test4.txt","r",encoding="utf-8") as f:
        print(f.read())
```

执行以上代码，结果如下：

```
从明天起，做一个幸福的人
喂马、劈柴，周游世界
从明天起，关心粮食和蔬菜
我有一所房子，面朝大海，春暖花开

从明天起，和每一个亲人通信
告诉他们我的幸福
那幸福的闪电告诉我的
我将告诉每一个人

给每一条河每一座山取一个温暖的名字
陌生人，我也为你祝福
愿你有一个灿烂的前程
```

```
愿你有情人终成眷属
愿你在尘世获得幸福
我只愿面朝大海，春暖花开
```

当然，也可以一次读取指定数量的字符，如读取文件中的前4个字符，代码及结果如下：

```
>>> with open(r"d:\test4.txt","r",encoding="utf-8")  as f:
        print(f.read(4))
从明天起
```

2. readline()

一次读取一行内容并作为结果返回。如果读取到文件末尾，会返回空字符串。例如，以下代码实现的是一行一行读取“test4.txt”文件的内容。

```
with open(r"d:\test4.txt","r",encoding="UTF-8") as f:
    while True:
        fragment = f.readline()
        if not fragment:
            break
        else:
            print(fragment,end="")
```

当然，也可以通过迭代器一行一行读取文件的内容，下面的代码和上面的代码效果等同。

```
with open(r"d:\test4.txt","r",encoding="utf-8") as f:
    for line in f:
        print(line,end="")
```

3. readlines()

读取文本文件时，每一行作为一个字符串存入列表中，返回该列表。例如，为一个Python源文件每一行的末尾增加行号，代码如下：

```
with open("readline.py","r",encoding ="utf-8") as f:
    lines = f.readlines()
    # 推导式生成列表
    lines = [ line.rstrip()+" #"+str(index+1) +"\n" for index,line in enumerate(lines)]
with open("out.txt","w",encoding="utf-8") as f:
    f.writelines(lines)
```

执行程序前，“readline.py”文件的内容为：

```
with open(r"d:\test4.txt","r",encoding="UTF-8") as f:
  while True:
    fragment = f.readline()
    if not fragment:
      break
    else:
      print(fragment,end="")
```

执行程序后，“readline.py”文件的内容为：

```
with open(r"d:\test4.txt","r",encoding="UTF-8") as f: #1
  while True: #2
    fragment = f.readline() #3
    if not fragment: #4
      break #5
    else: #6
      print(fragment,end="") #7
```

9.3 数据序列化和反序列化

在Python中，数据序列化和反序列化是常见的操作，它们允许将数据结构或对象状态转换为可以存储或传输的格式（如JSON、XML、pickle等），并在需要时将其转换回原始的数据结构或对象。本节主要介绍使用JSON和pickle进行序列化和反序列化的过程。

■9.3.1 使用JSON进行序列化和反序列化

JSON（JavaScript object notation，JavaScript对象表示法）是一种轻量级的数据交换格式，它是基于ECMAScript（欧洲计算机协会制定的JS规范）的一个子集，采用完全独立于编程语言的文本格式来存储和表示数据。

1. JSON的特点

- **轻量级：**JSON相比于XML等数据格式更为简洁，数据体积小，传输效率高。
- **易于阅读和编写：**JSON采用基于文本的格式，与人类语言类似，易于理解、阅读和编写。
- **易于机器解析和生成：**JSON的语法规则简单明了，使得机器能够快速地解析和生成JSON数据。
- **跨平台、跨语言：**JSON独立于编程语言和操作系统，可以在不同的平台和语言之间交换数据。

2. JSON的语法规则

- **数据在名称/值对中：**JSON数据由名称（字符串）和值（字符串、数字、对象、数组、true、false、null）等组成，以键值对的形式存在。
- **数据由逗号分隔：**在JSON对象中，多个键值对之间使用逗号分隔。
- **用反斜杠\转义字符：**在JSON字符串中，一些特殊字符（如引号、反斜杠等）需要使用反斜杠进行转义。
- **用花括号{}保存对象：**JSON对象使用花括号包裹，对象内部可以包含多个键值对。
- **用方括号[]保存数组：**JSON数组使用方括号包裹，数组内部可以包含多个值（字符串、数字、对象、数组等），值之间使用逗号分隔。

3. JSON的结构

JSON的数据结构主要有对象和数组两种。

- **对象：**花括号{}保存的对象是一个无序的名称/值对集合。一个对象以左花括号{开始，右花括号}结束。每个名称（或称键）后跟一个冒号，名称/值对使用逗号分隔。
- **数组：**方括号[]保存的数组是值的有序集合。一个数组以左方括号[开始，右方括号]结束，值之间使用逗号分隔。值可以是双引号括起来的字符串、数值、true、false、null、对象或者数组，它们是可以嵌套的。

4. JSON的应用场景

鉴于JSON的特点，它可被应用在许多领域，其中最主要的应用场景包括：

- **网络数据交换：**JSON可以通过HTTP（hypertext transfer protocol，超文本传输协议）请求从服务器传输数据，适用于Web应用，如传输用户数据、商品信息、文章内容等。
- **数据存储：**JSON可以将数据对象序列化为字符串，方便存储在数据库中或本地文件中，也可以将数据字符串反序列化为对象，以方便操作。
- **配置文件：**JSON可以作为配置文件格式，存储应用的各种配置信息。
- **API接口设计：**JSON是许多API接口所采用的数据格式，在设计API接口时，可以使用JSON格式规定请求参数和响应数据的结构。
- **移动应用：**很多移动应用使用JSON作为数据交换格式，通过RESTful API获取数据，展示页面信息。

5. JSON的优缺点

（1）优点

- **快速：**JSON语法简单，解析速度快。
- **兼容性好：**JSON具有良好的跨平台、跨语言兼容性。
- **易于阅读和编写：**JSON的文本格式易于人类阅读和理解。

（2）缺点

- **没有错误处理：**JSON本身并没有提供错误处理机制，需要在应用中自行实现。

- **安全性问题：**在某些情况下，恶意的JSON数据可能会导致安全问题，如JSON注入等。因此，在处理JSON数据时需要注意安全性问题。

下面通过具体例子演示如何使用JSON进行数据的序列化和反序列化。

【例9-1】使用JSON进行数据的序列化和反序列化。

功能描述：给定一个字典数据，用JSON对其进行序列化后输出，再进行反序列化输出。

代码如下：

```
import json
# 序列化
data = {
  'name': '王捷',
  'age': 45,
  'city': 'Zhengzhou'
}
json_data = json.dumps(data)
print(json_data)
# 反序列化
data_dict = json.loads(json_data)
print(data_dict)
```

运行代码，结果如下：

```
{"name": "\u738b\u6377", "age": 45, "city": "Zhengzhou"}
{'name': '王捷', 'age': 45, 'city': 'Zhengzhou'}
```

由此例可见，在使用JSON时，需要引入json模块。序列化使用的是dumps()方法，反序列化使用的是loads()方法。JSON序列化之后的结果同Python中的字典几乎完全一样，这是因为在高级编程语言中，大多数字典的数据模型就是按照与JSON类似的格式进行设计的。但是有一点需要注意，Python里字典的值可以是任意编码的任意字符，而JSON里的值如果使用Unicode字符，就必须使用“\uxxxx”的形式书写字符。

9.3.2 使用pickle进行序列化和反序列化

pickle是Python中一个强大的模块，用于序列化和反序列化Python对象。

1. pickle的主要特点

- **支持多种数据类型：**pickle可以处理大多数Python对象，包括列表、字典、类、实例等。
- **二进制格式：**pickle使用二进制格式来存储和传输数据，这使得数据更紧凑，并且不依赖于文本编码。

- **易于使用：** pickle提供了简单的API，如pickle.dump()和pickle.load()，用于序列化和反序列化对象。

2. 使用方法

要使用pickle模块序列化和反序列化对象，首先要导入pickle模块，导入pickle模块的代码如下：

```
import pickle
```

（1）序列化对象

使用pickle.dump()方法将对象序列化为二进制格式并保存到文件中，也可以使用pickle.dumps()将对象序列化为字节对象。

（2）反序列化对象

使用pickle.load()方法从文件中加载并反序列化对象，也可以使用pickle.loads()从字节对象中加载并反序列化对象。

下面通过一个例子演示如何用pickle序列化和反序列化对象。

【例9-2】pickle序列化和反序列化对象。

功能描述：给定一个字典数据，用pickle将其序列化后输出，再将其反序列化输出。

代码如下：

```
import pickle
# 创建一个Python字典对象
data = {
    'name': '王捷',
    'age': 45,
    'city': 'Zhengzhou'
}
# 使用pickle.dump()将字典序列化为文件
with open('data.pkl', 'wb') as f:
    pickle.dump(data, f)
# 使用pickle.dumps()将字典序列化为字节对象
data_bytes = pickle.dumps(data)
# 输出序列化后的字节流（通常不可读）
print(data_bytes)

# 使用 pickle.load() 从文件中加载并反序列化对象
with open('data.pkl', 'rb') as f:
    loaded_data = pickle.load(f)
print(loaded_data)
```

```
# 使用pickle.loads()从字节对象中加载并反序列化对象
loaded_data_from_bytes = pickle.loads(data_bytes)
print(loaded_data_from_bytes)
```

运行代码，结果如下：

```
b'\x80\x03}q\x00(X\x04\x00\x00\x00nameq\x01X\x06\x00\x00\x00\xe7\x8e\x8b\xe6\x8d\xb7q\x02X\
x03\x00\x00\x00ageq\x03K-X\x04\x00\x00\x00cityq\x04X\t\x00\x00\x00Zhengzhouq\x05u.'
{'name': '王捷', 'age': 45, 'city': 'Zhengzhou'}
{'name': '王捷', 'age': 45, 'city': 'Zhengzhou'}
```

3. 注意事项

（1）安全风险

由于pickle可以处理几乎所有的Python对象，包括自定义的函数和类，因此在处理不信任的pickle数据时要格外小心。pickle可以执行任意的Python代码，这可能导致安全风险。

（2）跨平台兼容性

pickle生成的二进制数据可能在不同的Python版本或不同的平台上无法正确加载，因此在使用pickle进行跨平台的数据交换时，需要确保两边的Python版本和环境是一致的。

（3）替代方案

对于需要跨平台或跨语言的数据交换，JSON是一种更安全、更通用的选择。但是需要注意，JSON无法处理Python中的一些复杂对象（如自定义的类和函数等）。

9.4 CSV文件的操作

CSV文件的全称为comma-separated values，中文名为逗号分隔值文件，是一种常见的电子表格文件格式。它以纯文本形式存储表格数据，常用于数据交换、Excel文件和数据库数据的导入和导出。Python标准库的模块csv提供了读取和写入csv格式文件的对象。

首先创建一个CSV文件。在Excel中创建一个简单的表格，内容如图9-6所示，然后将此文件另存为“成绩单.csv”，打开该文件查看其内容，和图9-6一致。下面详细介绍Python中如何使用CSV文件的具体操作。

A	B	C	D
姓名	年龄	省份	高考成绩
李潇潇	18	河南	538
王慧慧	19	山东	498
张曼曼	18	江苏	620

图 9-6　Excel 表格内容

9.4.1 csv.reader对象和CSV文件读取

在Python中，csv.reader是csv模块提供的一个类，用于读取CSV文件。这个类提供了一种方便的方法来逐行解析CSV文件，并将每一行作为一个列表返回，列表中的每个元素对应于CSV文件中的一列。

例如，使用csv.reader对象读取CSV文件，代码如下：

```
import csv
with  open("成绩单.csv") as score:
  #创建csv对象，它是一个包含所有数据的列表，每一行为一个元素
  score_csv = csv.reader(score)
  headers = next(score_csv)  #获得列表对象，包含标题行的信息
  print(headers)          #打印表头信息
  for row in score_csv:   #循环打印各行内容
    print(row)
```

运行代码，结果如下：

```
['姓名', '年龄', '省份', '成绩']
['李潇潇', '18', '河南', '538']
['王慧慧', '19', '山东', '498']
['张曼曼', '18', '江苏', '620']
```

在上例中，csv.reader(score)创建了一个读取器对象，该对象将CSV文件的每一行作为一个列表返回，其中列表的每个元素是CSV行中的一个字段。

9.4.2 csv.writer对象和CSV文件写入

在Python中，csv.writer是csv模块提供的另一个类，用于写入CSV文件。这个类允许将数据逐行写入CSV文件，其中每行数据是一个列表或元组，列表或元组中的每个元素对应CSV文件中的一列。

例如，使用csv.writer对象写入CSV文件，代码如下：

```
import csv
#定义要写入CSV文件的数据
data = [
  ['姓名', '年龄', '城市'],
  ['赵云', '25', '郑州'],
  ['李红', '30', '北京'],
  ['张军', '35', '上海']
]
#打开CSV文件以写入数据
```

```
with open('output.csv', 'w', newline='') as file:
    writer = csv.writer(file)
        # 写入CSV文件的每一行
```

运行代码，然后打开“output.csv”文件，显示内容如图9-7所示。

A	B	C
姓名	年龄	城市
赵云	25	郑州
李红	30	北京
张军	35	上海

图 9-7 output.csv 文件的内容

在上例中，csv.writer(file)创建了一个写入器对象，该对象使用writerow()方法将列表（或任何可迭代对象）作为一行写入CSV文件。

9.5 os和os.path模块

Python内置了os模块和os.path模块，用于对目录或文件进行操作。在使用os模块或者os.path模块时，应该先使用import语句将其导入，然后才可以使用它们提供的函数或方法。

os模块和os.path模块中常用来操作目录的函数如表9-4和表9-5所示。

表 9-4 os 模块中常用的操作目录函数说明

函数	说明
getcwd()	返回当前工作目录
listdir(path)	返回指定路径下的文件和目录信息
mkdir(path[,mode])	创建目录
makedirs(path1/path2...[,mode])	创建多级目录
rmdir(path)	删除目录
removedirs(path1/path2...[,mode])	删除多级目录
chdir(path)	将path设置为当前工作目录
walk(top[,topdown[,onerror]])	遍历目录树，返回一个元组，包括所有路径名、目录列表和文件列表3个元素

表 9-5 os.path 模块中常用的操作目录函数说明

函数	说明
abspath(path)	用于获取文件或目录的绝对路径
exists(path)	用于判断目录或文件是否存在，如果存在返回True，否则返回False
join(path,name)	将目录与目录或者文件名拼接起来

（续表）

函　数	说　明
splitext()	分离文件名和扩展名
basename(path)	从一个路径中提取文件名
dirname(path)	从一个路径中提取文件路径，不包括文件名
isdir(path)	用于判断是否为路径

■9.5.1　常用的目录操作

Python内置的os模块和os.path模块中提供了很多操作目录和文件的函数或方法，下面介绍几个常用函数的具体用法。

1. 判断目录是否存在

在Python中，有时需要判断给定的目录是否存在，这时可以使用os.path模块提供的exists函数实现。exists函数的语法格式如下：

```
os.path.exists(path)
```

其中，path为要判断的目录，可以采用绝对路径，也可以采用相对路径。如果给定的路径存在，则返回True，否则返回False。

例如，判断绝对路径“d:\code”是否存在，代码如下：

```
import os.path
print(os.path.exists("d:\\code"))
```

执行上述代码，如果指定目录存在，则返回True，否则返回False。

2. 创建目录

在Python中，os模块提供了两个用于创建目录的函数，一个用于创建一级目录，一个用于创建多级目录。

（1）创建一级目录

创建一级目录是指一次只能创建一级目录，可以使用os模块提供的mkdir函数实现。使用该函数只能创建指定路径中的最后一级目录，如果该目录的上一级不存在，则抛出FileNotFoundError异常。mkdir函数的语法格式如下：

```
os.mkdir(path,mode=0777)
```

其中，path用于指定要创建的目录，可以使用绝对路径，也可以使用相对路径；mode用于指定数值模式，默认值为0777，这在非Unix系统上无效或被忽略。

例如，在Windows系统中创建一个“d:\demo”目录，代码如下：

```
import os
os.mkdir("d:\\demo"))
```

（2）创建多级目录

创建多级目录可以使用os模块提供的makedirs函数，该函数采用递归的方式创建目录，其语法格式如下：

```
os.makedirs(name,mode=0777)
```

其中，name用于指定要创建的目录，可以使用绝对路径，也可以使用相对路径；mode用于指定数值模式，默认值为0777，这在非Unix系统上无效或被忽略。

例如，在Windows系统中，在刚创建的“d:\demo”目录下再创建子目录“python\ch9”，代码如下：

```
import os
os.makedirs(r"d:\demo\python\ch9")
```

下面通过一个综合性的例子演示这些函数的具体用法。

【例9-3】自动创建日期文件。

功能描述：在程序代码所在目录下创建文件夹“ostest”，然后在该文件夹下批量创建20个以日期+时间（显示到秒）+序号（0～19）为文件名的文本文件，再将指定内容写入到每个文件中，最后读取文件夹下所有文件名并输出。

代码如下：

```
import os             # 引入os模块
import datetime       # 引入datetime模块
text = 'Happy everyday!'
b = os.getcwd()+'\\ostest'
if not os.path.exists(b):
    os.makedirs(b)
for i in range(20):
    nowtime = str(datetime.datetime.utcnow().strftime("%Y%m%d%H%M%S"))
    files = b+nowtime+str(i)+'.txt'
    file = open(files,'w')
    file.write(text)
    file.close()
    print(files)
```

运行代码，结果如下：

```
D:\code\ostest\202411260300570.txt
```

```
D:\code\ostest\20241126030057l.txt
D:\code\ostest\202411260300572.txt
D:\code\ostest\202411260300573.txt
D:\code\ostest\202411260300574.txt
D:\code\ostest\202411260300575.txt
D:\code\ostest\202411260300576.txt
D:\code\ostest\202411260300577.txt
D:\code\ostest\202411260300578.txt
D:\code\ostest\202411260300579.txt
D:\code\ostest\2024112603005710.txt
D:\code\ostest\2024112603005711.txt
D:\code\ostest\2024112603005712.txt
D:\code\ostest\2024112603005713.txt
D:\code\ostest\2024112603005714.txt
D:\code\ostest\2024112603005715.txt
D:\code\ostest\2024112603005716.txt
D:\code\ostest\2024112603005717.txt
D:\code\ostest\2024112603005718.txt
D:\code\ostest\2024112603005719.txt
```

■9.5.2　文件的高级操作

Python内置的os模块除了可以对目录进行操作，还可以对文件进行一些高级操作，下面介绍常用函数的用法。

1. 删除文件

Python没有内置删除文件的函数，但是在os模块中提供了删除文件的remove函数，该函数的语法格式如下：

```
os.remove(path)
```

其中，path为要删除的文件路径。例如，删除“d:\t.txt”文件的代码如下：

```
import os
os.remove("d:\\t.txt")
```

2. 重命名文件和目录

os模块提供了重命名文件和目录的函数rename，如果指定的路径代表文件，则重命名文件；如果指定的路径代表目录，则重命名目录。rename函数的语法格式如下：

```
os.rename(src,dst)
```

其中，src代表重命名前的原文件或目录，dst代表重命名后的目录或文件。

同删除文件一样，如果指定的目录或文件不存在，则抛出FileNotFoundError异常。因此在进行文件或目录重命名时，应先判断文件或目录是否存在，只有存在时才可以进行重命名操作。

例如，将“d:\code\a.txt”重命名为“d:\code\b.txt”，可使用以下代码实现。

```
import os
src = "d:\\code\\a.txt"
dst = "d:\\code\\b.txt"
if os.path.exists(src):
    os.rename(src,dst)
    print("文件重命名成功!")
else:
    pirnt("文件不存在！ ")
```

3. 获取文件基本信息

创建一个文件之后，文件本身会包含一些信息。例如，文件最后一次访问和修改时间、文件大小等。使用os模块的stat函数可以获取到文件的这些基本信息，其语法格式如下：

```
os.stat(path)
```

其中，path代表文件的路径，函数的返回值是一个对象，该对象包含表9-6所示的属性，访问这些属性可以获取文件的基本信息。

表 9-6 stat 函数返回对象的常见属性说明

属　性	说　明
st_mode	保护模式
st_ino	索引号
st_nlink	硬连接号（被连接数目）
st_size	文件大小，以字节为单位
st_mtime	最后一次修改时间
st_dev	设备名
st_uid	用户ID
st_gid	组ID
st_atime	最后一次访问时间
st_ctime	最后一次状态变化的时间（Windows系统返回的是文件的创建时间）

例如，要获取当前目录下“renamefile.py”文件的路径、大小和最后一次修改时间，可采用如下代码：

```
import os
if os.path.exists("renamefile.py"):
    # 获取文件的基本信息
    fileinfo = os.stat("renamefile.py")
    print("文件的完整路径为：",os.path.abspath("renamefile.py"))
    print("文件的大小：",fileinfo.st_size,"字节")
    print("文件最后一次被修改的时间：",fileinfo.st_mtime)
```

运行程序，结果如下：

```
文件的完整路径为： D:\code\renamefile.py
文件的大小： 329 字节
文件最后一次被修改的时间： 1732590681.0286856
```

9.5.3 遍历目录与删除目录

本节介绍目录的遍历和删除操作。

1. 遍历目录

遍历目录是指将指定目录下的全部目录（包括子目录）及文件浏览一遍。在Python中，os模块中的walk函数用于实现目录的遍历功能，其语法格式如下：

```
os.walk(top[,topdown=True][,onerror=None][,followlinks=False])
```

参数说明：

- **top**：用于指定要遍历的根目录。
- **topdown**：可选参数，默认为True。如果为True，则优先遍历目录树的上层，即深度优先搜索的逆序（后序遍历）；如果为False，则优先遍历目录树的底层，即广度优先搜索（层序遍历）的变种，但实际上是先遍历子目录再遍历父目录的内容。
- **onerror**：可选参数，用于指定错误处理方式，默认为忽略。如果不想忽略，可以指定一个错误处理的函数。通常情况下采用默认方式。
- **followlinks**：可选参数，默认为False。walk函数不会向下转换成解析到目录的符号链接，如果将该参数设置为True，则指定在支持的系统上访问由符号链接指向的目录。

函数的返回值是一个包括3个元素的元组生成器对象（dirpath,dirnames,filenames），其中，dirpath表示当前遍历的目录，是一个字符串；dirnames表示当前目录下包含的子目录，是一个列表；filesnames表示当前目录下包含的文件，也是一个列表。

例如，遍历指定目录“D:\tool”，代码如下：

```
import os
tuples=os.walk("D:\\tool")
```

```
for tuple1 in tuples:
    print(tuple1,"\n")
```

执行上述代码，结果如下：

```
('D:\\tool', ['a'], ['BaiduYunGuanjia_7.0.1.1.exe', 'EasyConnectInstaller.exe', 'mongodb-windows-x86_64-4.4.2-signed.msi', 'sql2014.rar'])

('D:\\tool\\a', [], [])
```

例如，遍历当前目录下的文件和目录，代码如下：

```
import os
for root,dirs,files in os.walk("."):
    print(dirs)
    print(files)
```

运行上述代码，结果如下：

```
['ostest']
['9-5.py', 'renamefile.py', 'traversePath.py']
[]
['202411260300570.txt', '202411260300571.txt', '2024112603005710.txt', '2024112603005711.txt', '2024112603005712.txt', '2024112603005713.txt', '2024112603005714.txt', '2024112603005715.txt', '2024112603005716.txt', '2024112603005717.txt', '2024112603005718.txt', '2024112603005719.txt', '202411260300572.txt', '202411260300573.txt', '202411260300574.txt', '202411260300575.txt', '202411260300576.txt', '202411260300577.txt', '202411260300578.txt', '202411260300579.txt']
```

2. 删除目录

删除目录可以使用os模块提供的rmdir函数实现，使用该函数删除目录时，只有当要删除的目录为空时才起作用。rmdir函数的语法格式如下：

```
os.rmdir(path)
```

其中，path为要删除的目录。

注意：如果要删除的目录不存在，那么将抛出“FileNotFoundError: [WinError 2]系统找不到指定的文件。”异常。因此，在执行该函数前，应先判断要删除的目录是否存在。如果要删除的目录不是空目录，那么将抛出“OSError: [WinError 145]目录不是空的。”异常。所以在执行该函数前，还应先判断要删除的目录是否为空目录。

例如，要删除“D:\code\demo”目录，可以采用如下代码：

```
import os
os.rmdir(r"D:\code\demo")
```

使用rmdir()函数只能删除空的目录，如果要删除非空目录，就需要使用Python内置的标准模块shutil中的rmtree函数来实现。示例代码如下：

```
import shutil
shutil.rmtree(r"D:\code")
```

执行上述代码，会删除“D:\code”目录及该目录下的所有内容。

课后作业

练习1：编写代码，实现将指定的文件内容读取到列表中。

练习2：编写代码，输出并保存目录信息到文件中。

练习3：编写代码，将数据去重后保存到指定文件中。

练习4：编写代码，输出指定目录下所有的.gif文件。

第10章

正则表达式

内容概要

正则表达式（regular expression），简称regex或regexp，是一种强大的文本处理工具，用于匹配、查找和替换符合特定模式的字符串。它由一系列字符和特殊符号组成，用于描述一个字符串集合的搜索模式。本章将介绍正则表达式的基本概念、Python中的re模块提供的正则表达式相关函数的具体用法等知识。

数字资源

【本章源代码】："源代码\第10章"目录下

10.1 正则表达式概述

正则表达式是对字符串（包括普通字符和特殊字符）操作的一种逻辑公式，即：用事先定义好的一些特定字符及这些特定字符的组合组成一个“规则字符串”，用于表达对字符串的一种过滤逻辑。通过巧妙地构造正则表达式可以匹配任意字符串，完成复杂的字符串处理任务。

下面分别从起源与发展、特点、符号与结构、应用场景几个方面对正则表达式进行简单介绍。

1. 起源与发展

- 正则表达式的概念最初是由科学家Warren McCulloch和Walter Pitts在神经网络的早期研究中提出的。
- Stephen Kleene在1951年发表了一篇论文，引入了正则表达式的概念，并作为描述“正则集的代数”的一种表达式。
- 1968年，Unix之父Ken Thompson将正则表达式应用于计算搜索算法的研究，并引入了文本搜索工具（grep）。
- 之后，正则表达式被广泛应用于各种计算机语言、工具和软件包中。

2. 特点

- **灵活性、逻辑性和功能性：**正则表达式能够用简单的方式实现复杂的字符串控制逻辑。
- **应用广泛：**许多程序设计语言都支持利用正则表达式进行字符串操作，如Python、Java、C#等。
- **对初学者而言较为晦涩：**由于正则表达式的语法和规则较为复杂，初学者可能会觉得难以掌握。

3. 符号与结构

- 正则表达式由普通字符和元字符组成，元字符具有特殊的意义和功能。
- 常见的元字符包括“.”（匹配任意字符）、“*”（匹配前一个字符0次或多次）、“+”（匹配前一个字符1次或多次）等。
- 正则表达式还支持使用括号进行分组和捕获，以及使用预定义字符集（如\d匹配数字）等高级功能。

4. 应用场景

- **数据验证：**用于验证输入数据的格式是否符合要求，如验证电子邮件地址、电话号码等。
- **文本处理：**用于在文本中查找、替换或提取符合特定模式的字符串。
- **搜索引擎：**用于匹配用户输入的查询词与网页内容。
- **编程开发：**用于处理字符串数据，如文件路径、URL、HTML标签等。

10.2 正则表达式的使用

Python中，通过标准库中的re模块可实现对正则表达式的操作。re模块提供了一些根据正则表达式进行查找、替换、分隔字符串的函数，这些函数的第1个参数都是一个正则表达式。re中的常用函数如表10-1所示。

表 10-1 re 模块常用函数说明

函数名	说 明
match(pattern,string,flags=0)	根据pattern从string的头部开始匹配字符串，只返回第1次匹配成功的对象；否则，返回None
findall(pattern,string,flags=0)	根据pattern在string中匹配字符串。如果匹配成功，返回包含匹配结果的列表；否则，返回空列表。当pattern中有分组时，返回包含多个元组的列表，每个元组对应一个分组。flags表示规则选项，规则选项用于辅助匹配
sub(pattern,repl,string,count=0)	根据指定的正则表达式，替换源字符串中的子串。pattern是一个正则表达式，repl是用于替换的字符串，string是源字符串。如果count等于0，则返回string中匹配的所有结果；如果count大于0，则返回前count个匹配结果
subn(pattern,repl,string,count=0)	作用和sub()相同，返回一个二元的元组。第1个元素是替换结果，第2个元素是替换的次数。
search(pattern,string,flags=0)	根据pattern在string中匹配字符串，只返回第1次匹配成功的对象。如果匹配失败，返回None
compile(pattern,flags=0)	编译正则表达式pattern，返回一个pattern的对象
split(pattern,string,maxsplit=0)	根据pattern分隔string，maxsplit表示最大的分隔数
escape(pattern)	匹配字符串中的特殊字符，如*、+、?等

10.2.1 match函数

re.match()尝试从字符串的起始位置匹配一个模式，如果不是起始位置就匹配成功，该函数会返回None。语法格式如下：

```
re.match(pattern, string, flags)
```

其中，参数pattern表示匹配的正则表达式，string代表要匹配的字符串，flags是标志位，用于控制正则表达式的匹配方式，如是否区分大小写、是否多行匹配等。flags的取值有以下几个：

- **re.I**：使匹配对大小写不敏感。
- **re.L**：做本地化识别（local-aware）匹配。
- **re.M**：多行匹配，影响“^”和“$”。

- **re.S**：使“.”匹配包括换行在内的所有字符。
- **re.U**：根据Unicode字符集解析字符。这个标志影响“\w”“\W”“\b”和“\B”。
- **re.X**：该标志通过给予更灵活的格式，以便将正则表达式写得更易于理解。

匹配字符串是正则表达式中最常用的一类应用，也就是说，设定一个文本模式，然后判断另外一个字符串是否符合这个文本模式。

如果文本模式只是一个普通的字符串，那么待匹配的字符串和文本模式字符串在完全相等的情况下，match函数会认为匹配成功。如果匹配成功，函数返回匹配的对象，然后可以调用对象中的group()方法获取匹配成功的字符串，如果文本模式就是一个普通的字符串，那么group()方法返回的就是文本模式字符串本身。

例如，match函数的使用，代码如下：

```
import re
string='hello kitty'
pattern='hello'
v=re.match(pattern,string)
print(v)
print(v.group())          #输出匹配到的字符串
print(v.span())           #输出匹配到的字符串的开始和结束索引
```

运行上述代码，结果如下：

```
<re.Match object; span=(0, 5), match='hello'>
hello
(0, 5)
```

从上面的代码可以看出，进行文本模式匹配时，只要待匹配字符串的开始部分可以匹配文本模式，就算匹配成功。

例如，match函数中flags的使用，代码如下：

```
import re
s = 'hello Kitty!'
m=re.match('hello kitty',s,re.I)  #匹配时忽略大小写
if m is not None:
    print('匹配成功结果是：',m.group())
else:
    print('匹配失败')
```

运行上述代码，结果如下：

```
匹配成功结果是： hello Kitty
```

■10.2.2 常用匹配符

正则表达式中的匹配符也叫元字符，用于定义搜索模式的规则。常用的匹配符如表10-2所示。

表 10-2 常用的匹配符

符　号	功能描述
.	匹配任意一个字符（除了\n）
[]	匹配位于[]列表中的任意一个字符
\w	匹配字母、数字、下画线，即 [a～z,A～Z,0～9,_]
\W	匹配不是字母、数字、下画线的字符
\s	匹配空白字符，包括空格、制表符、换页符等
\S	匹配不是空白的字符
\d	匹配任意数字，即[0～9]
\D	匹配非数字的字符

例如，常用匹配符的使用，代码如下：

```
import re
print('-----.的使用-----')
pattern='.'      # 不能匹配换行符\n
s='a'
# s='C'
# s='_'
# s='\n'
v=re.match(pattern,s)
print(v)

print('-------\d 的使用-------')
pattern='\d'
s='9'
# s='4'
# s='a'
# s='_'
v=re.match(pattern,s)
print(v)

print('-------\D 的使用-------')
pattern='\D'
s='9'
```

```
# s='4'
# s='a'
  # s='_'
v=re.match(pattern,s)
print(v)

print('-------\s 的使用------')
pattern='\s'
s=' '
# s='\t'
# s='\n'
# s='_'
v=re.match(pattern,s)
print(v)

print('-------\S 的使用------')
pattern='\S'
s=' '
# s='\t'
# s='\n'
# s='_'
v=re.match(pattern,s)
print(v)

print('-------\w 的使用--------')
# pattern='\w'
pattern='\W'
s='a'
# s='_'
# s='5'
# s='A'
  # s='#'
v=re.match(pattern,s)
print(v)

print('-------[]的使用---------')
pattern='[2468]'
# s='1'
# s='2'
```

```
# s='3'
s='4'
# s='#'
v=re.match(pattern,s)
print(v)
print('---------电话号码--------')
# pattern='\d\d\d\d\d\d\d\d\d\d\d'      #匹配手机号
pattern='1[35789]\d\d\d\d\d\d\d\d\d'      #匹配手机号
s='13456788789'
v=re.match(pattern,s)
print(v)
```

其中，匹配符“[]”可以指定一个范围，例如，[ok]将匹配包含“o”或“k”的字符。同时“[]”可以与“\w”“\s”“\d ”等标记等价，如[0-9 a-z A-Z]等价于“\w”，[^0-9]等价于“\D”。

对于上述代码，读者可以修改注释的部分语句，逐一执行进行测试，并观察运行结果，仔细体会各符号的用法。

■10.2.3 表示数量的限定符

如果要匹配电话号码，需要形如“\d\d\d\d\d\d\d\d\d\d\d”的正则表达式，这样的表达式中出现了11次“\d”，显得很烦琐。另外，某些地区的电话号码是8位数字，而区号有的是3位数字，有的是4位数字，因此这个正则表达式就不能满足要求了。正则表达式作为一门小型的语言，还提供了对表达式的一部分进行重复处理的功能。例如，“*”可以对正则表达式的某个部分重复匹配多次，这种匹配符号称为限定符。表10-3列出了正则表达式中常用的限定符。

表 10-3　正则表达式中常用的限定符

符　号	功能描述
*	匹配位于“*”之前的字符或子模式0次或多次
+	匹配位于“+”之前的字符或子模式1次或多次
?	匹配位于“？”之前的子表达式1次或0次
{m}	重复m次
{m,n}	重复m到n次，其中n可以省略，表示m可以重复任意次
{m,}	至少m次

【例10-1】匹配出一个字符串，首字母为大写字母，其余字母为小写，可有可无。

代码如下：

```
import re
pattern='[A-Z][a-z]*'
```

```
s='Hello world'
# s='HEllo world'
v=re.match(pattern,s)
print(v)
```

上述代码中，分别把两个s作为待匹配的字符串，运行结果为：

```
<re.Match object; span=(0, 5), match='Hello'>
<re.Match object; span=(0, 1), match='H'>
```

【例10-2】匹配出有效的变量名。

代码如下：

```
import re
pattern='[A-Za-z_][0-9A-Za-z_]*'
# pattern='[A-Za-z_]\w*'
s='a'
# s='ab'
# s='_ab'
# s='2ab'
v=re.match(pattern,s)
print(v)
```

上述代码中，两个模式的效果等同，分别让s取不同的值，运行后仔细观察结果，体会模式匹配的效果。

【例10-3】直接匹配出1～99的数字。

代码如下：

```
import re
pattern='[1-9]\d?'
s='1'
# s='55'
# s='99'
# s='199'
v=re.match(pattern,s)
print(v)
```

对于上述代码，分别让s取不同的值，运行后仔细观察结果。

【例10-4】匹配出一个随机密码，8～20位以内（包含大写字母、小写字母、下画线和数字）。

代码如下：

```
import re
pattern='\w{8,20}'
s='12345678'
#s='123 456'
v=re.match(pattern,s)
print(v)
```

■10.2.4 边界字符

正则表达式中的边界字符用于指定匹配必须发生的位置。这些边界字符不匹配任何字符，而是匹配一个位置，例如，单词的开始或结束，字符串的开始或结束等。下面列出一些常见的边界字符。

①^：匹配输入字符串的开始位置。注意，^与[^m]中的“^”的含义并不相同，后者表示“除了…”的意思。

②$：匹配输入字符串的结束位置。

③\b：匹配一个单词边界，即字符与空格间的位置。例如，'er\b'可以匹配"never"中的'er'，但不能匹配"verb"中的'er'。

④\B：匹配非单词边界。例如，'er\B'能匹配"verb"中的'er'，但不能匹配"never"中的'er'。

使用这些边界字符可以构建更加精确的正则表达式，以满足特定的匹配需求。例如，如果想要匹配一个完整的单词而不是单词的一部分，可以在单词的前后都使用“\b”边界字符。下面是一些边界字符使用的例子。

【例10-5】边界符$的使用。

代码如下：

```
import re
# 匹配qq邮箱，用户名由5～10位字符组成
# 没有限制结尾的、不正确的地址格式也能匹配
pattern = '[\d]{5,10}@qq.com'
v = re.match(pattern,'12345@qq.comabc')
print(v)
v = re.match(pattern,'12345@qq.com')
print(v)
# 必须限制结尾的
pattern = '[1-9]\d{4,9}@qq.com$'
# 正确的地址
v = re.match(pattern,'12345@qq.com')
print(v)
# 不正确的地址
v = re.match(pattern,'12345@qq.comabc')
```

```
print(v)
```

运行结果如下：

```
<re.Match object; span=(0, 12), match='12345@qq.com'>
<re.Match object; span=(0, 12), match='12345@qq.com'>
<re.Match object; span=(0, 12), match='12345@qq.com'>
None
```

从上例可以看出，如果模式串设计得不合理，对于不正确的邮箱地址也能匹配成功。

【例10-6】边界符^的使用。

代码如下：

```
import re
pattern=r'^hello.*'
s='hello world'
o=re.match(pattern,s)
print(o)
s='hello python'
o=re.match(pattern,s)
print(o)
s='hepython'
o=re.match(pattern,s)
print(o)
```

运行结果如下：

```
<re.Match object; span=(0, 11), match='hello world'>
<re.Match object; span=(0, 12), match='hello python'>
None
```

【例10-7】使用\b匹配单词边界。

代码如下：

```
import re
pattern = r'.*\bab'      # ab为左边界的情况
v = re.match(pattern,'123 abr')
print(v)
pattern =  r'.*ab\b'      # ab为右边界的情况
v = re.match(pattern,'wab')
print(v)
```

运行结果如下：

```
<re.Match object; span=(0, 6), match='123 ab'>
<re.Match object; span=(0, 3), match='wab'>
```

【例10-8】使用\B匹配非单词边界。

代码如下：

```
import re
#xy不为左边界
pattern = r'.*\Bxy'
v = re.match(pattern,'123 yuerxyr')
print(v)
v = re.match(pattern,'123 xyyuerr')
print(v)
#xy不为右边界
pattern = r'.*xy\B'
v = re.match(pattern,'wxyhelo')
print(v)
v = re.match(pattern,'wheloxy')
print(v)
```

运行结果如下：

```
<re.Match object; span=(0, 10), match='123 yuerxy'>
None
<re.Match object; span=(0, 3), match='wxy'>
None
```

■10.2.5 search函数

search函数用于在字符串中搜索正则表达式模式的第1次出现。如果搜索到匹配项，search函数会返回一个匹配对象，否则返回None。语法格式如下：

```
re.search(pattern, string, flags=0)
```

其中，各参数的含义与match函数中的参数相同。

【例10-9】search函数用法举例。

代码如下：

```
import re
# 定义一个字符串
text = "Hello, welcome to the world of Python."
```

```
# 定义一个正则表达式模式
pattern = r"\bworld\b"
# 使用re.search()搜索模式
match = re.search(pattern, text)
# 检查是否找到匹配项
if match:
    print("找到匹配项:", match.group())
else:
    print("未找到匹配项")
```

运行代码，结果如下：

```
找到匹配项: world
```

此例中设定了单词“world”作为正则表达式模式，并在给定的文本字符串中找到了它。match.group()方法用于返回找到的匹配项。

re.search()非常有用，特别是当只需要找到字符串中的第1个匹配项时。如果需要找到所有的匹配项，可以使用re.findall()方法。

另外，需要注意search()和match()的区别，match()只匹配字符串的开始，如果字符串开始不符合正则表达式，则匹配失败，函数返回None；而search()要匹配整个字符串，直到找到一个匹配字符串。

【例10-10】match与search的区别。

代码如下：

```
import re
# 进行文本模式匹配，匹配失败，match方法返回 None
m=re.match('love','I love you')
if m is not None:
    print(m.group())
print('match 运行结果：',m)
# 进行文本模式搜索，
m=re.search('love','I love you')
if m is not None:
    print(m.group())
print('search 的运行结果：',m)
```

运行代码，结果如下：

```
match 运行结果： None
love
search 的运行结果： <re.Match object; span=(2, 6), match='love'>
```

■10.2.6 择一匹配符“|”

如果想要使用正则表达式匹配多个字符串，可以使用“|”运算符来分隔不同的模式，这样正则表达式就会匹配任何一个模式。另外，也可以将多个字符串放入一个列表中，并使用循环逐个检查它们是否匹配。

【例10-11】利用“|”匹配多个字符串。

代码如下：

```
import re
# 定义一个包含多个模式的正则表达式
pattern = r"apple|banana|cherry"
# 定义一个字符串列表
fruits = ["apple", "banana", "orange", "cherry", "grape"]
# 遍历字符串列表，检查每个字符串是否匹配
for fruit in fruits:
    if re.search(pattern, fruit):
        print(f"{fruit} 匹配")
    else:
        print(f"{fruit} 不匹配")
```

运行代码，结果如下：

```
apple 匹配
banana 匹配
orange 不匹配
cherry 匹配
grape 不匹配
```

【例10-12】匹配0～100之间的所有数字。

代码如下：

```
import re
pattern = '[1-9]?\d$|100$'
v = re.match(pattern,'0')
print(v)
v = re.match(pattern,'10')
print(v)
v = re.match(pattern,'100')
print(v)
v = re.match(pattern,'99')
print(v)
```

```
v = re.match(pattern,'200')
print(v)
```

运行代码，结果如下：

```
<re.Match object; span=(0, 1), match='0'>
<re.Match object; span=(0, 2), match='10'>
<re.Match object; span=(0, 3), match='100'>
<re.Match object; span=(0, 2), match='99'>
None
```

■10.2.7 分组

在正则表达式中，分组是一个强大的特性，它允许将模式的一部分组合在一起，以便作为一个整体进行处理。分组是通过使用圆括号()来实现的。当把一个模式放入圆括号中时，就创建了一个分组。分组在正则表达式中的作用和使用方式包括以下几方面：

（1）捕获分组

默认情况下，分组会捕获匹配的文本，并允许在后续的操作中引用或提取该文本。捕获分组会自动编号，从1开始。

（2）非捕获分组

如果不希望分组捕获匹配的文本，可以使用(?:...)语法来创建一个非捕获分组。

（3）命名分组

Python的正则表达式模块re允许使用(?P<name>...)语法来创建命名分组，这样就可以通过名字来引用分组，而不是通过数字。

（4）分组引用

在正则表达式中，可以使用\1、\2等反斜杠后跟数字的形式来引用之前捕获的分组，这在想要匹配重复文本或具有特定结构的文本时非常有用。

（5）分组嵌套

可以在一个分组内嵌套另一个分组，从而创建更复杂的模式。

【例10-13】分组的使用。

功能描述：假设有一个字符串，它包含日期和时间信息，格式为2024-06-30T10:08:58。该程序的目标是提取出年、月、日、小时、分钟和秒。

代码如下：

```
import re
#定义字符串
text = "这是一个包含日期和时间的字符串：2024-06-30T10:08:58"
#定义正则表达式
pattern = r"(?P<year>\d{4})-(?P<month>\d{2})-(?P<day>\d{2})T(?P<hour>\d{2}):(?P<minute>\
```

```
d{2}):(?P<second>\d{2})"
# 使用re.search()搜索模式
match = re.search(pattern, text)
# 检查是否找到匹配项
if match:
    # 通过名字引用分组
    year = match.group('year')
    month = match.group('month')
    day = match.group('day')
    hour = match.group('hour')
    minute = match.group('minute')
    second = match.group('second')
    print(f"年: {year}, 月: {month}, 日: {day}, 小时: {hour}, 分钟: {minute}, 秒: {second}")
else:
    print("未找到匹配项")
```

运行代码，结果如下：

```
年: 2024, 月: 06, 日: 30, 小时: 10, 分钟: 08, 秒: 58
```

此例展示了如何使用正则表达式中的分组（包括命名分组）来匹配和提取复杂字符串中的特定信息。通过命名分组可以使代码更加清晰易读，并且能够直接通过名字来引用分组捕获的内容。正则表达式各部分内容解释如下：

- **(?P<year>\d{4})**：这是一个命名捕获分组，名为year，它匹配4位数字，对应于年份。
- **-(?P<month>\d{2})**："-"字符后面跟着另一个命名捕获分组month，匹配2位数字，对应于月份。
- **-(?P<day>\d{2})**：另一个"-"字符后面跟着命名捕获分组day，同样匹配2位数字，对应于日期。
- **T**：这个字符直接出现在日期和时间之间，用于分隔。
- **(?P<hour>\d{2})**：T后面跟着命名捕获分组hour，匹配2位数字，对应于小时。
- **:(?P<minute>\d{2})**：":"字符后面跟着命名捕获分组minute，匹配2位数字，对应于分钟。
- **:(?P<second>\d{2})**：另一个":"字符后面跟着命名捕获分组second，匹配2位数字，对应于秒。

10.2.8 搜索和替换

sub和subn是re模块中用于字符串搜索和替换的两个非常有用的函数，这两个函数都允许使用正则表达式来匹配字符串中的特定模式，并将匹配到的部分替换为指定的内容。下面详细讲解这两个函数的用法。

1. sub函数

sub函数用于替换字符串中所有匹配正则表达式的部分。其基本语法如下：

```
re.sub(pattern, repl, string, count=0, flags=0)
```

参数说明：

- **pattern**：正则表达式的模式字符串。
- **repl**：替换的字符串（也可为一个函数）。如果是一个字符串，则其中的反斜杠会被处理，即转义字符会被转义。如果是一个函数，则这个函数会被调用，match对象会作为唯一的参数传入，而替换字符串就是函数的返回值。
- **string**：要被处理（查找替换）的原始字符串。
- **count**：模式匹配后替换的最大次数，默认为0，表示替换所有的匹配。
- **flags**：可选的标志位，用于控制正则表达式的匹配方式。常用的标志有re.IGNORECASE（忽略大小写）、re.MULTILINE（多行匹配）等。

2. subn函数

subn函数与sub函数非常相似，也是用于替换字符串中所有匹配正则表达式的部分。二者不同之处在于，subn函数会返回一个元组，其中第1个元素是替换后的字符串，第2个元素是一个数字，表示替换发生的次数。其基本语法如下：

```
re.subn(pattern, repl, string, count=0, flags=0)
```

其中的参数与sub函数相同，这里不再赘述。

【例10-14】sub()和subn()的使用。

代码如下：

```
import re
# 使用sub函数
text = "hello world, hello everyone"
new_text = re.sub("hello", "hi", text)
print(new_text) # 输出: hi world, hi everyone
# 使用subn函数
new_text, count = re.subn("hello", "hi", text)
print(new_text) # 输出: hi world, hi everyone
print(count)   # 输出: 2，表示替换了两次
```

运行代码，结果如下：

```
hi world, hi everyone
hi world, hi everyone
2
```

总之，sub和subn都用于替换字符串中匹配正则表达式的部分。sub返回替换后的字符串；subn返回一个元组，包含替换后的字符串和替换次数。当只需要替换字符串并获取替换结果时，可以使用sub；当同时需要替换字符串和知道替换发生的次数时，可以使用subn函数。

■10.2.9 compile函数

在Python的正则表达式模块re中，compile函数用于编译一个正则表达式模式，并返回一个模式对象（pattern object）。这个模式对象可以用来匹配字符串，拥有match()、search()、findall()等方法。使用compile函数编译正则表达式可以提高匹配效率，特别是在需要多次匹配同一个模式时。

例如，compile函数的用法示例代码如下：

```
import re
# 编译一个正则表达式模式
pattern = re.compile(r'\d+')
# 使用模式对象的match方法
match = pattern.match('123abc')
if match:
    print('Match:', match.group())
# 使用模式对象的search方法
search = pattern.search('abc123')
if search:
    print('Search:', search.group())
# 使用模式对象的findall方法
findall = pattern.findall('123 abc 456')
print('Findall:', findall)
```

运行代码，结果如下：

```
Match: 123
Search: 123
Findall: ['123', '456']
```

此例中首先编译了一个正则表达式模式“\d+”，它匹配一个或多个数字；然后，使用这个模式对象的match()方法检查字符串是否以数字开头，使用search()方法在字符串中搜索数字，使用findall()方法找到字符串中的所有数字并返回一个列表。

■10.2.10 split函数

在Python的正则表达式模块re中，split函数用于根据匹配正则表达式的模式来分割字符串，它的功能非常强大，可以按照复杂的规则分割文本数据。这与字符串对象的split()方法类似，但split函数提供了更强大的拆分功能，因为它可以指定复杂的模式作为分隔符。split函数返回一个列表形式的分割结果，每一个列表元素都是分割的子字符串。split函数的语法格式如下：

```
re.split(pattern, string[, maxsplit=0, flags=0])
```

参数说明：

- **pattern**：匹配的正则表达式。
- **string**：要匹配的字符串。
- **maxsplit**：分割次数，maxsplit=1表示分割一次，默认为0，表示不限制分割次数。
- **flags**：标志位，用于控制正则表达式的匹配方式。例如，是否区分大小写，是否是多行匹配等。

例如，split函数的用法示例代码如下：

```
import re
# 使用正则表达式拆分字符串
text = "apple, banana; cherry. date"
# 以逗号、分号或句点作为分隔符
parts = re.split('[,;.]', text)
print(parts) # 输出: ['apple', ' banana', ' cherry', ' date']
# 限制拆分次数
limited_parts = re.split('[,;.]', text, maxsplit=2)
print(limited_parts) # 输出: ['apple', ' banana', ' cherry. date']
```

运行代码，结果如下：

```
['apple', ' banana', ' cherry', ' date']
['apple', ' banana', ' cherry. date']
```

此例中使用了正则表达式“[,;.]”指定逗号、分号或句点作为分隔符，然后使用re.split函数拆分字符串text，还通过使用maxsplit参数限制拆分的次数，得到不同数量的部分。

注意，与字符串对象的split()方法不同，re.split函数会在每个匹配的位置都进行拆分，即使匹配的是空字符串也会拆分。例如：

```
import re
# 使用正则表达式拆分字符串，匹配空字符串的位置也会拆分
text = "apple,,banana,,,cherry"
parts = re.split(',', text)
print(parts)          # 输出: ['apple', '',' banana', '','',' cherry']
parts = re.split(',+', text)
print(parts)          # 输出: ['apple', 'banana', 'cherry']
```

在上述代码中，正则表达式“',+'”匹配一个或多个逗号，因此在连续逗号的位置处只进行了一次拆分。

■10.2.11 贪婪模式和非贪婪模式

贪婪模式和非贪婪模式是正则表达式中的两种重要匹配模式，它们主要影响被量词修饰的子表达式的匹配行为。贪婪模式是指在整个表达式匹配成功的前提下，尽可能多地匹配字符。也就是说，当正则表达式中的量词（如“*”“+”“?”等）在匹配时，会尽可能多地消耗字符，直到无法再匹配为止。贪婪模式是正则表达式中的默认匹配模式。非贪婪模式（也称为懒惰模式或勉强模式）是指在整个表达式匹配成功的前提下，尽可能少地匹配字符。与贪婪模式相反，非贪婪模式在匹配时会尽可能少地消耗字符，直到满足整个表达式的匹配要求为止。在正则表达式中，通过在量词后面加上问号“?”可以开启非贪婪模式。

下面通过具体例子来说明这两种匹配模式的不同。

【例10-15】贪婪模式和非贪婪模式的区别。

代码如下：

```
import re
s = "Hello, my name is John. Nice to meet you, John."
print('----------贪婪模式---------')
pattern = "my.*John"
result = re.search(pattern,s)
print(result)
print('----------非贪婪模式---------')
pattern = "my.*?John"
result = re.search(pattern,s)
print(result)
```

运行代码，结果如下：

```
----------贪婪模式---------
<re.Match object; span=(7, 46), match='my name is John. Nice to meet you, John'>
----------非贪婪模式---------
<re.Match object; span=(7, 22), match='my name is John'>
```

在这个例子中，正则表达式"my.*John"尝试匹配从"my"开始到"John"结束的所有字符。由于正则表达式默认采用贪婪模式，它会尽可能多地匹配字符，直到找到最后一个"John"为止。因此，匹配结果将是"my name is John. Nice to meet you, John"。

当将正则表达式修改为非贪婪模式时，因为非贪婪模式会尽可能少地匹配字符，直到满足整个表达式的匹配要求为止。因此，匹配结果将是"my name is John"，即它只匹配到第1个出现的“John”前面的最小字符串。

10.3 正则表达式综合实例

前面已经介绍了re模块中各函数的具体用法，本节将通过两个具体的案例来展示正则表达式在实际问题中的应用。

【例10-16】使用正则表达式提取日志文件中的IP地址并进行处理。

功能描述：本例对日志文件进行处理。日志文件通常包含服务器与客户端交互的详细信息，如请求时间、请求类型、请求的URL、HTTP状态码以及客户端的IP地址等。IP地址通常以数字形式表示，如192.168.1.1，且在日志中的格式一致。现在需要解析出给定日志信息中的每一个日志条目并存放到字典中，进一步提取日志条目中的IP地址，统计每个IP地址的访问次数，按降序的次序把结果存储到一个字典中；同时，为方便进一步分析相关信息，需要把IP地址信息和访问次数存放到一个CSV文件中；最后把被访问次数位于前三位的IP地址以条形图的方式展示在控制台。

具体代码如下：

```
import re
import csv
import matplotlib.pyplot as plt
#假设日志信息如下
log_file_content = """
2024-01-01 12:00:00 User1 accessed from 192.168.1.1
2024-01-01 13:00:00 User2 accessed from 10.0.0.2
2024-01-01 14:00:00 User3 accessed from 192.168.1.3
2024-01-01 14:02:00 User4 accessed from 192.168.1.1
2024-01-01 14:10:00 User5 accessed from 192.168.1.1
2024-01-01 15:00:00 User6 accessed from 192.168.1.3
2024-01-01 15:05:00 User7 accessed from 192.168.1.1
2024-01-01 15:20:00 User8 accessed from 192.168.1.3
2024-01-01 15:30:00 User9 accessed from 192.168.1.5
2024-01-01 15:45:00 User10 accessed from 192.168.1.1
"""
#定义一个正则表达式来匹配IP地址
ip_pattern = r'\b(?:[0-9]{1,3}\.){3}[0-9]{1,3}\b'
#使用re.findall找到所有匹配的IP地址
ip_addresses = re.findall(ip_pattern, log_file_content)
#定义一个函数来解析日志条目
def parse_log_entry(entry):
    #使用空格分割字符串
    parts = entry.split()
```

```
    # 获取IP地址
    ip = parts[-1]
    # 获取时间戳和用户名
    timestamp = ' '.join(parts[:3])
    user = parts[4]
    # 返回一个字典表示的日志信息
    return {
        'timestamp': timestamp,
        'user': user,
        'ip': ip
    }
# 将日志内容分割成单独的条目
log_entries = log_file_content.strip().split('\n')
# 解析每个日志条目并添加到结果列表中
parsed_logs = [parse_log_entry(entry) for entry in log_entries]
# 初始化一个空字典来存储IP地址的访问次数
ip_access_counts = {}
# 遍历解析后的日志信息
for log in parsed_logs:
    # 如果IP地址已经在字典中，则增加计数
    if log['ip'] in ip_access_counts:
        ip_access_counts[log['ip']] += 1
    # 否则，添加到字典中，初始计数为1
    else:
        ip_access_counts[log['ip']] = 1
# 对IP地址的访问次数进行降序排序
sorted_ip_access_counts = sorted(ip_access_counts.items(), key=lambda x: x[1], reverse=True)
# 打印访问次数最多的IP地址
for ip, count in sorted_ip_access_counts:
    print(f"IP {ip} was accessed {count} time(s)")

# 创建一个新的CSV文件并写入表头
with open('access_counts.csv', 'w', newline='') as csvfile:
    csvwriter = csv.writer(csvfile)
    csvwriter.writerow(['IP Address', 'Access Count'])
    # 写入每个IP地址的访问次数
    for ip, count in sorted_ip_access_counts:
        csvwriter.writerow([ip, count])
```

```
print("Access count data has been written to 'access_counts.csv'")

# 只显示访问次数最多的前3个IP地址
top_3_ips = sorted_ip_access_counts[:3]
# 创建条形图
plt.bar([ip[0] for ip in top_3_ips], [ip[1] for ip in top_3_ips])
plt.xlabel('IP Address')
plt.ylabel('Access Count')
plt.title('Top 3 Most Frequent IP Addresses')
plt.xticks(rotation=45) # 旋转x轴标签以避免重叠
plt.show()
```

运行程序，结果如图10-1所示。

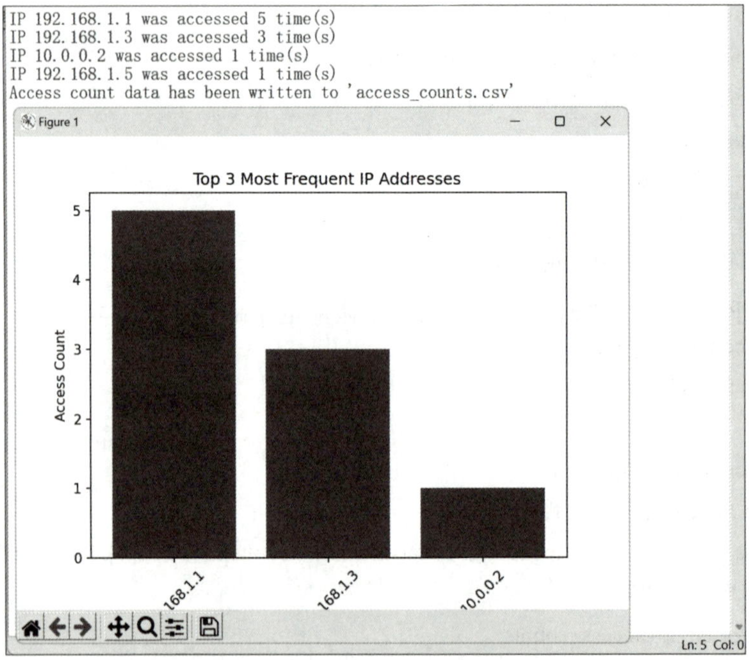

图 10-1　例10-16 的运行结果

打开同层目录下的“access_counts.csv”文件，内容如图10-2所示。

	A	B	C
1	IP Addres	Access Count	
2	192.168.1.	5	
3	192.168.1.	3	
4	10.0.0.2	1	
5	192.168.1.	1	
6			

图 10-2　access_counts.csv 文件的内容

【例10-17】使用正则表达式验证邮件地址。

功能描述：在编写网页表单或处理用户注册时，常常需要验证用户输入的电子邮件地址是否符合标准格式。电子邮件地址的一般格式为username@domain.com，但实际中可能会包含各种特殊字符和数字。这里通过编写一个正则表达式来验证电子邮件地址的格式，具体代码如下：

```
import re
def validate_email(email):
    pattern = r'^[a-zA-Z0-9._%+-]+@[a-zA-Z0-9.-]+\.[a-zA-Z]{2,}$'
    if re.match(pattern, email):
        return True
    else:
        return False
# 测试
email1 = 'user.name@example.com'
email2 = 'user@domain'
email3 = 'invalid_email'
print(validate_email(email1)) # 输出: True
print(validate_email(email2)) # 输出: False
print(validate_email(email3)) # 输出: False
```


此例中先定义了一个正则表达式pattern来匹配电子邮件地址。其中，“^”表示匹配字符串的开始，“$”表示匹配字符串的结束，这样可以确保整个字符串都符合这个模式；“[a-zA-Z0-9._%+-]+”用于匹配用户名，它由字母、数字以及一些特殊字符组成；“@”是电子邮件地址中的分隔符；“[a-zA-Z0-9.-]+”用于匹配域名，同样可以包含字母、数字以及点（.）和减号（-）；“\.”用于匹配点字符（.）本身；“[a-zA-Z]{2,}”用于匹配顶级域名，至少由两个字母组成。如果re.match()找到匹配的字符串，那么validate_email函数将返回True，否则返回False。

课后作业

练习1：编写代码，实现匹配不包含任何数字的字符串。

练习2：编写代码，实现匹配电话号码，假设电话号码格式为(123) 456-7890或123-456-7890。

练习3：编写代码，实现匹配身份证号码（18位，最后一位可能是X或x）。

练习4：编写程序，用户输入一段英文，然后输出这段英文中所有长度为3个字母的单词。

第11章

常用第三方库

内容概要

NumPy是Python的一种开源的数值计算扩展，它可用来存储和处理大型矩阵，支持大量的维度数组与矩阵运算。而OpenCV是一个开源的跨平台计算机视觉和机器学习软件库，提供了Python、Ruby、MATLAB等语言的接口，实现了图像处理和计算机视觉方面的很多通用算法。本章将重点讲解NumPy和OpenCV这两个第三方库的有关知识。

数字资源

【本章源代码】："源代码\第11章"目录下

11.1 NumPy概述

Python没有专门的数组类型，要实现数组的功能往往需要使用嵌套列表，这在存储大型矩阵和进行矩阵运算时很不方便且效率低下。为解决上述问题，可以使用第三方库NumPy（Numerical Python）来处理大量的维度数组与矩阵运算。

NumPy是Python语言的一个扩展程序库，支持大量的维度数组与矩阵运算，并针对数组运算提供了大量的数学函数库。

11.2 NumPy安装

学习NumPy之前，需要安装NumPy。安装NumPy最简单的方法就是使用pip工具，下面分别介绍在不同操作系统下安装NumPy的方法。

1. 在Mac系统中安装numpy

打开终端，在终端执行以下命令：

```
pip3 install numpy
```

2. 在Linux Ubuntu或Debian系统中安装numpy

打开终端，在终端执行以下命令：

```
$ sudo apt-get install python3-numpy
```

3. 在Windows系统中安装numpy

打开命令行窗口，在命令行窗口执行以下命令：

```
pip install numpy
```

程序执行过程如图11-1所示。

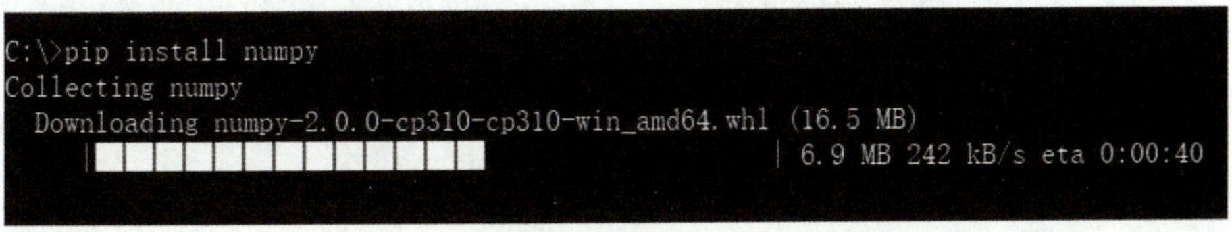

图 11-1 安装 NumPy

安装结束后，需要测试NumPy的安装是否成功。下面以Windows系统为例，介绍测试方法。

首先，打开命令行窗口；然后输入python指令，进入交互界面，导入NumPy模块，并调用eye函数生成一个对角矩阵。如果没有发现异常，则说明NumPy安装成功，如图11-2所示。

```
C:\>python
Python 3.10.1 (tags/v3.10.1:2cd268a, Dec  6 2021, 19:10:37) [MSC v.1929 64 bit
Type "help", "copyright", "credits" or "license" for more information.
>>> from numpy import *
>>> eye(4)
array([[1., 0., 0., 0.],
       [0., 1., 0., 0.],
       [0., 0., 1., 0.],
       [0., 0., 0., 1.]])
>>>
```

图 11-2　测试 NumPy是否安装成功

11.3　NumPy中的数组对象

NumPy最重要的一个特点是其*N*维数组对象ndarray，它是一系列同类型数据的集合。ndarray中的每个元素在内存中都有相同大小的存储区域，下标从0开始，对集合中的元素进行索引。

11.3.1　创建数组对象

ndarray数组对象可以使用ndarray构造器（构造函数）来创建，也可以使用其他函数快速创建，下面分别介绍这两种方法。

1. 通过ndarray构造器创建数组对象

可以通过调用ndarray构造器（构造函数）numpy.array( )创建数组对象，它的语法格式如下：

```
numpy.array(object, dtype = None, copy = True, order = None, subok = False, ndmin = 0)
```

该构造函数中的参数说明如表11-1所示。

表 11-1　构造函数 numpy.array( ) 中的参数说明

名　称	描　述
object	数组或嵌套的数列
dtype	数组元素的数据类型，可选
copy	对象是否需要复制，可选
order	创建数组的样式，C为行方向，F为列方向，A为任意方向（默认）
subok	默认返回一个与基类类型一致的数组
ndmin	指定生成数组的最小维度

下面将通过一些示例来帮助读者掌握通过ndarray构造器创建数组对象的方法。

首先需要导入NumPy模块，为了便于记忆和输入，在导入模块时，可以使用as关键字给Numpy模块起一个简短易记的别名，具体代码如下：

```
import numpy as np
```

上述代码中的np就是numpy模块的别名，在后续的代码中，可以使用别名np代替numpy，便于开发人员的输入。

①通过传递元组创建数组对象，示例代码如下：

```
>>> import numpy as np
>>> a = np.array((1,2,3)) #参数为1个元组对象
>>> print (a)
```

程序执行结果如下：

```
[1 2 3]
```

②通过传递列表创建数组对象，示例代码如下：

```
>>> import numpy as np
>>> a = np.array([1,2,3]) #参数为1个列表对象
>>> print (a)
```

程序执行结果如下：

```
[1 2 3]
```

③通过传递嵌套列表创建多维度数组对象，示例代码如下：

```
>>> import numpy as np
>>> a = np.array([[1, 2, 3], [4, 5, 6]])  #创建二维数组
>>> print (a)
```

程序执行结果如下：

```
[[1 2 3]
 [4 5 6]]
```

④通过指定ndmin参数创建数组对象，示例代码如下：

```
>>> import numpy as np
>>> a = np.array([1, 2, 3, 4, 5, 6], ndmin = 3) #创建最小维度为3的数组
>>> print (a)
```

程序执行结果如下：

```
[[[1 2 3 4 5 6]]]
```

⑤通过指定dtype参数创建数组对象，示例代码如下：

```
>>> import numpy as np
>>> a = np.array([1, 2, 3], dtype = complex) #创建数据类型为复数的数组
>>> print (a)
```

程序执行结果如下：

```
[1.+0.j 2.+0.j 3.+0.j]
```

通过程序执行结果可以发现，数组的每一个元素都是复数。数组对象可以支持很多数据类型，如int、float、complex等，下述代码指定的数据类型为float类型。

```
>>> import numpy as np
>>> a = np.array([1, 2, 3], dtype = float) #创建数据类型为浮点数的数组
>>> print (a)
```

程序执行结果如下：

```
[1. 2. 3.]
```

2. 通过函数创建数组对象

在创建某些有规律的数组时，如全0数组、全1数组、等差数组、等比数组等，可以通过Numpy提供的一些内置函数来简化创建数组的过程。用于创建数组的常用函数如表11-2所示。

表 11-2　创建数组的常用函数

函　数	描　述
empty( )	创建空数组
zeros( )	创建元素全为0的数组
ones( )	创建元素全为1的数组
full( )	创建元素全为指定值的数组
arange( )	创建等差数组
logspace( )	创建等比数组
normal( )	创建正态分布的数组

下面将通过一些实例来说明这些函数的使用方法。

（1）empty函数

函数numpy.empty()用于创建一个指定形状和类型且未初始化的数组，其基本语法格式如下：

```
numpy.empty(shape[, dtype, order])
```

参数说明：

- **shape**：指定数组的形状，可以是一个整数（表示一维数组的长度），或者是一个表示多维数组形状的元组。
- **dtype**：可选参数，指定数组的数据类型。
- **order**：可选参数，指定数组在内存中的存储顺序，有'C'（按行）和'F'（按列）两种方式，默任为'C'。

例如，创建一个形状为3行2列，且数据类型为int的数组，示例代码如下：

```
>>> import numpy as np
>>> x = np.empty([3,2], dtype = int)
>>> print (x)
```

程序执行结果如下：

```
[[7307218078199540086 3202178517854876265]
[8247620477782417952 8027224783864229386]
[8386668381597608232 8315174762841010025]]
```

注意事项 由于empty函数没有为数组赋初值，故数组元素的值为随机值。

（2）zeros函数

函数numpy. zeros( )用于创建一个元素全为0的数组，其基本语法格式如下：

```
numpy. zeros(shape[, dtype, order])
```

参数说明：

参数含义与numpy.empty()的参数含义相同，在此不再赘述。

例如，创建一个形状为3行3列，且数组元素全为0的数组，示例代码如下：

```
>>> import numpy as np
>>> x = np. zeros ([3,3], dtype = int)
>>> print (x)
```

程序执行结果如下：

```
[[0 0 0]
[0 0 0]
[0 0 0]]
```

（3）ones函数

函数numpy.ones ()用于创建一个元素全为1的数组，其基本语法格式如下：

```
numpy.ones(shape[, dtype, order])
```

参数说明：

参数含义与numpy.empty()的参数含义相同。

例如，创建一个有5个元素的一维数组，且数组元素全为1，示例代码如下：

```
>>> import numpy as np
>>> x = np.ones(5)    #数据类型默认为浮点数
>>> print(x)
```

程序执行结果如下：

```
[1. 1. 1. 1. 1.]
```

例如，创建一个形状为3行3列的数组，且数组元素全为1，示例代码如下：

```
>>> import numpy as np
>>> x = np.ones([2,2], dtype = int)  #指定数据类型为int
>>> print(x)
```

程序执行结果如下：

```
[[1 1 1]
[1 1 1]
[1 1 1]]
```

（4）full函数

函数numpy.full()用于创建一个指定形状并由指定值填充的数组，其基本语法格式如下：

```
numpy.full (shape, fill_value, dtype = None, order = 'C')
```

参数说明：

- **shape**：指定数组的形状。
- **fill_value**：填充数组的值。
- **dtype**：可选参数，指定数组的数据类型。
- **order**：可选参数，指定数组在内存中的存储顺序，有'C'（按行）和'F'（按列）两种方式，默任为'C'。

例如，创建一个形状为2行3列，且元素值都为5的数组，示例代码如下：

```
>>> import numpy as np
>>> x = np.full ((2,3), 5, dtype=int)
>>> print(x)
```

程序执行结果如下：

```
[[5 5 5]
 [5 5 5]]
```

（5）arange函数

函数numpy.arange()用于生成等差数列，其基本语法格式如下：

```
numpy.arange([start,] stop,[step,] dtype=None)
```

参数说明：

- **start**：可选参数，指定数列的起始值，默认为0。
- **stop**：指定数列的终止值，不包含在结果中。
- **step**：可选参数，指定数列的步长，默认为1。
- **dtype**：数据类型，如果不指定，则会根据输入数据自动确定数据类型。

例如，创建从0到4总长度为5的数组，代码如下：

```
>>> import numpy as np
>>> x = np.arange(5)
>>> print(x)
```

程序执行结果如下：

```
[0 1 2 3 4]
```

例如，创建从0到4总长度为5、返回类型为float类型的数组，代码如下：

```
>>> import numpy as np
>>> x = np.arange(5, dtype =  float)  # 设置dtype为float
>>> print(x)
```

程序执行结果如下：

```
[0. 1. 2. 3. 4.]
```

例如，根据设置的起始值、终止值及步长创建一个数组，代码如下：

```
>>> import numpy as np
>>> x = np.arange(10,20,2)
>>> print (x)
```

程序执行结果如下：

```
[10 12 14 16 18]
```

（6）linspace函数

函数numpy.linspace()同样用于生成由等差数列构成的数组，但与arange()函数不同的是，它可以指定数列的元素个数。其基本语法格式如下：

```
numpy.linspace(start, stop, num=50, endpoint=True, retstep=False, dtype=None)
```

参数说明：

- **start**：指定数列的起始值。
- **stop**：指定数列的终止值。
- **num**：指定数列的元素个数，默认为50。
- **endpoint**：该值为True时，数列中包含stop值，反之不包含。默认是True。
- **retstep**：该值为True时，生成的数组中会显示间距，反之不显示。
- **dtype**：指定数据类型。

例如，生成起始值为1、终止值为10、数列个数为10的数组，示例代码如下：

```
>>> import numpy as np
>>> a = np.linspace(1,10,10)
>>> print(x)
```

程序执行结果如下：

```
[ 1.  2.  3.  4.  5.  6.  7.  8.  9. 10.]
```

在上述示例中设置间距retstep为True，代码如下：

```
>>> import numpy as np
>>> x = np.linspace(1,10,10,retstep= True)
>>> print(x)
```

程序执行结果如下：

```
(array([ 1.,  2.,  3.,  4.,  5.,  6.,  7.,  8.,  9., 10.]), np.float64(1.0))
```

可以发现生成的数组中会显示间距np.float64(1.0)。

（7）logspace函数

函数numpy.logspace()用于生成在指定对数间隔内由等比数列构成的数组，其基本语法格式如下：

```
numpy.logspace(start, stop, num=50, endpoint=True, base=10.0, dtype=None)
```

参数说明：

- **start**：指定对数数列的起始值。
- **stop**：指定对数数列的终止值。

- **num**：指定数列的元素数量，默认为50。
- **endpoint**：该值为True时，数列中包含stop值，反之不包含，默认是True。
- **base**：底数，用于对数计算，默认值为10.0。
- **dtype**：指定数据类型。

例如，创建一个等比数组，指定初始值为21，终值为25，元素个数为5，对数的底数为2，代码如下：

```
>>> import numpy as np
>>> x = np.logspace (1,5,5,base=2)
>>> print(x)
```

程序执行结果如下：

```
[ 2.  4.  8. 16. 32.]
```

（8）normal函数

函数numpy.random.normal()用于生成由符合正态分布的随机数构成的数组，其基本语法格式如下：

```
numpy.random.normal (loc=0.0, scale=1.0, size=None)
```

参数说明：

- **loc**：正态分布的均值，类型为float。
- **scale**：正态分布的标准差，类型为float。
- **size**：生成数组的形状，如果没有指定则只输出一个值。

例如，创建一个均值为7、标准差为1.5、形状为3行3列的数组，代码如下：

```
>>> import numpy as np
>>> x = np.random.normal (loc=7,scale=1.5,size=(3,3))
>>> print(x)
```

程序执行结果如下：

```
[[7.76661891 7.47327249 8.04277416]
 [6.06157807 6.84759458 6.45644939]
 [6.84943748 7.93589286 6.99080275]]
```

11.3.2 数组对象的常用属性

在介绍数组对象的常用属性之前，需要先了解NumPy数组中两个非常重要的概念，即秩（rank）和轴（axis）。

NumPy数组的维数称为秩，秩就是轴的数量，即数组的维度（dimensions）。例如，一维数组的秩为1，二维数组的秩为2，以此类推。

在NumPy中，每一个线性的数组又称为一个轴，也就是维度。例如，二维数组相当于两个一维数组，其中第1个一维数组中每个元素又是一个一维数组。第1个轴相当于是底层数组，第2个轴是底层数组里的数组。轴的数量就是数组的维数，也就是数组的秩。

当axis=0时，表示沿着第0轴进行操作，即对每一列进行操作；axis=1时，表示沿着第1轴进行操作，即对每一行进行操作。

NumPy数组的常用属性如表11-3所示。

表 11-3　数组的常用属性

函　　数	描　　述
ndarray.ndim	数组对象的维度
ndarray.shape	数组对象的形状
ndarray.size	数组元素的总个数
ndarray.dtype	数组对象中元素的数据类型
ndarray.itemsize	数组对象中每个元素的大小，以字节为单位
ndarray.real	数组对象的实部
ndarray.imag	数组对象的虚部

例如，输出数组的维度，代码如下：

```
# show_ndarray_dimensions.py
import numpy as np
a = np.arange(12)
print (a)
print ("a 的维度为: ", a.ndim)    #a 现只有一个维度
# 现在调整其形状
b = a.reshape(3,4)              # b 现在拥有两个维度
print(b)
print ("b 的维度为: ", b.ndim)
```

程序执行结果如下：

```
[0 1 2 3 4 5 6 7 8 9 10 11]
a 的维度为: 1
[[0 1 2 3]
 [4 5 6 7]
 [8 9 10 11]]
b 的维度为: 2
```

例如，输出数组的多个属性，代码如下：

```
# show_ndarray_multiattribute.py
import numpy as np
a = np.arange(12).reshape(2,6)
print(a)
print ("数组元素类型: ", a.dtype)
print ("数组元素个数: ", a.size)
print ("数组每个元素大小: ", a.itemsize)
print ("数组形状: ", a.shape)
print ("数组维度: ", a.ndim)
```

程序执行结果如下：

```
[[ 0  1  2  3  4  5]
 [ 6  7  8  9 10 11]]
数组元素类型:  int64
数组元素个数:  12
数组每个元素大小:  8
数组形状:  (2, 6)
数组维度:  2
```

11.3.3 数组元素的访问与修改

数组创建之后，可以通过索引或切片的方式来访问和修改数组中的元素。NumPy数组的索引和切片操作与Python中的列表的索引和切片操作大致相同。

1. 通过索引访问数组元素

可以通过索引直接访问数组中的元素。以一维数组为例，索引的区间在[0, 数组长度-1]这个范围，超过这个范围则会抛出下标越界异常。例如：

```
>>> import numpy as np
>>> a = np.arange(6)
>>> print(a)     # 输出数组所有元素
[0 1 2 3 4 5]
>>> print(a[0])  # 访问下标为0的数组元素
0
>>> print(a[1])  # 访问下标为1的数组元素
1
>>> print(a[5])  # 访问下标为5的数组元素
5
```

```
>>> print(a[6])  #访问下标为6的数组元素，抛出下标越界异常
Traceback (most recent call last):
  File "<pyshell#7>", line 1, in <module>
    print(a[6])
IndexError: index 6 is out of bounds for axis 0 with size 6
```

数组元素的索引也可以从尾部开始，最后一个元素的索引为-1，倒数第2个元素的索引为-2，依次类推。因此，访问数组元素也可以用负的索引值。例如：

```
>>> import numpy as np
>>> a = np.arange(6)
>>> print(a)       #输出数组所有元素
[0 1 2 3 4 5]
>>> print(a[-1])  #访问下标为-1的数组元素
5
>>> print(a[-5])  #访问下标为-5的数组元素
1
>>> print(a[-6])  #访问下标为-6的数组元素
0
>>> print(a[-7])      #访问下标为-7的数组元素，抛出下标越界异常
Traceback (most recent call last):
  File "<pyshell#13>", line 1, in <module>
    print(a[-7])
IndexError: index -7 is out of bounds for axis 0 with size 6
```

二维数组的元素也可以通过索引进行访问。访问二维数组时，需要提供两个索引值，一个用于表示行，一个用于表示列。例如：

```
>>>import numpy as np
>>>a = np.array([[1,2,3,4], [5,6,7,8]])
>>>print(a)      #输出数组所有元素
[[1 2 3 4]
 [5 6 7 8]]
>>>print(a[0][0])  #访问第1行第1列的数组元素
1
>>>print(a[1][2])  #访问第2行第3列的数组元素
7
```

2. 通过索引修改数组元素

数组的索引是原数组的视图，不是创建的新数组，它所指向的内存地址就是原数组的内存地址。因此，对索引元素进行修改就会改变原数组元素的值，例如：

```
>>> import numpy as np
>>> a = np.arange(6)
>>>print(a)      # 输出原数组的所有元素
[0 1 2 3 4 5]
>>>a[0] =10      # 修改下标为0的数组元素
>>>a[1] =20      # 修改下标为1的数组元素
>>>print(a)      # 输出修改后数组的所有元素
[10 20  2  3  4  5]
```

通过程序执行结果，可以发现数组a中下标为0和1的元素的值已经被修改。

二维数组的元素同样也可以使用索引进行修改，例如：

```
>>>import numpy as np
>>>a = np.array([[1,2,3], [5,6,7]])
>>>a[1] [1] =100      # 修改行下标为1、列下标为1的元素的值
>>>print(a)
[[  1   2   3]
 [  5 100   7]]
```

通过程序执行结果，可以发现数组a中下标为（1, 1）的元素值已经被修改为100。

3. 通过切片访问数组元素

切片操作是指从数组中切割部分元素组成一个新的数组，但不会使原数组发生变化。还可以使用切片操作来修改数组中的部分元素。

切片操作可以通过Python的内置函数slice函数进行，其基本语法如下：

```
slice[start,stop,step]
```

参数说明：

- **start**：指定切片的起始位置，默认为0。
- **stop**：指定切片的结束位置，可以是一个整数，也可以是None。如果是整数，则表示切片到stop位置（不包括stop位置），如果是None，则表示切片到最后一个位置（包括最后一个位置）。
- **step**：指定切片的步长，默认为1。

通过slice函数生成切片对象，然后利用切片对象实现对数组的切片操作。示例代码如下：

```
>>>import numpy as np
>>>a = np.arange(10)
>>>s=slice(2,5)      # 生成切片对象，指定开始位置和结束位置
>>>print(a[s])       # 对数组进行切片操作
[2 3 4]
>>>s=slice(2,9,3)    # 生成切片对象，指定开始位置、结束位置和步长
>>>print (a[s])      # 对数组进行切片操作
[2 5 8]
```

数组的切片操作还可以直接使用切片参数进行，切片参数的格式为：

```
start:stop:step
```

参数含义与slice函数中的参数含义完全相同，3个参数都是可选参数。

切片操作时，如果只有一个参数，如[2]，将返回与该位置相对应的单个元素；如果为[2:]，则表示从该位置开始，后面所有元素都将被提取。如果使用了两个参数，如[2:7]，则提取两个位置之间（不包括结束位置）的元素。具体示例代码如下：

```
>>> import numpy as np
>>> a = np.arange(10)
>>> b = a[5]      #只有1个不带冒号的参数，则取该位置对应的单个元素
>>> print (b)
5
>>> b = a[5:]     #只有1个带冒号的参数，则取该位置后面所有的元素
>>> print (b)
[5 6 7 8 9]
>>> b=a[2:5]      #有2个参数，则提取两个位置之间的元素
>>> print(b)
[2 3 4]
>>> b=a[2:7:2]    #有3个参数，从位置2开始到7结束，间隔为2
>>> print(b)
[2 4 6]
```

需要注意的是，切片操作不会因为下标越界产生异常，而是简单地在列表末尾截断或者返回一个空列表。例如：

```
>>>import numpy as np
>>>a = np.arange(10)
>>>b=a[100:200]   #下标越界，但不产生异常
>>>print(b)
```

```
[]
```

多维数组同样适用于上述方法，对多维数组进行切片操作的示例代码如下：

```
>>>import numpy as np
>>>a = np.array([[1,2,3],[3,4,5],[4,5,6]])    #3行3列的二维数组
>>>print(a)
[[1 2 3]
 [3 4 5]
 [4 5 6]]
>>>print('从数组索引 a[1:] 处开始切割')
从数组索引 a[1:] 处开始切割
>>>print(a[1:])
[[3 4 5]
 [4 5 6]]
>>>print('访问数组a左侧2行2列的数组片段')
访问数组a左侧2行2列的数组片段
>>>print(a[0:2,0:2])
[[1 2]
 [3 4]]
>>>print('从数组索引 a[1: ,1:] 处开始切割数组片段')
从数组索引 a[1: ,1:] 处开始切割数组片段
>>>print(a[1:,1:])
[[4 5]
 [5 6]]
>>>print('从数组索引 a[:2 ,:3] 处切割数组片段')
从数组索引 a[:2 ,:3] 处切割数组片段
>>>print(a[:2, :3])
[[1 2 3]
 [3 4 5]]
>>>print('从数组索引 a[:1 ,:1] 处切割数组片段')
从数组索引 a[:1 ,:1] 处切割数组片段
>>>print(a[:1, :1])
[[1]]
```

切片还可以包括省略号…，使选择元组的长度与数组的维度相同。如果在行位置使用省略号，将返回指定列的所有元素；如果在列位置使用省略号，则返回指定行的所有元素。例如：

```
>>>import numpy as np
>>>a = np.array([[1,2,3],[3,4,5],[4,5,6]])
```

```
>>>print (a[...,1])  # 第2列元素
[2 4 5]
>>>print (a[1,...])  # 第2行元素
[3 4 5]
>>>print (a[...,1:]) # 第2列及其后的所有列的元素
[[2 3]
 [4 5]
 [5 6]]
```

4. 通过切片修改数组元素

数组的切片和数组的索引一样都是原数组的视图，而不是创建了新的数组，它所指向的内存地址实际还是原来的内存地址，因此，对数组的切片进行修改就是对原数组进行修改。

对数组的切片进行修改会改变原数组的值，例如：

```
>>>import numpy as np
>>>a = np.arange(10)
>>>print(a)                    # 输出原数组的值
[0 1 2 3 4 5 6 7 8 9]
>>>print(a[1:5])               # 输出切片的值
[1 2 3 4]
>>>a[1:5] = np.array([9,9,9,9])        # 对切片进行修改
>>>print(a)                    # 输出修改后的数组的值
[0 9 9 9 9 5 6 7 8 9]
```

通过执行结果可以发现：对数组切片进行修改，可以直接改变原数组的值。同样的方法也适用于多维数组，例如：

```
>>>import numpy as np
>>>a = np.array([[1,2,3],[3,4,5],[4,5,6]])
>>>print(a[1:3,1:3])                # 输出一个2行2列的数组切片的值
[[4 5]
 [5 6]]
>>> a[1:3,1:3] = np.array([[100,100],[200,200]])  # 对切片进行修改
>>>print(a)                         # 输出修改后的数组的值
[[  1   2   3]
 [  3 100 100]
 [  4 200 200]]
```

可以发现，通过修改数组的切片也可以实现对多维数组的修改。

■11.3.4 数组的四则运算

NumPy中的数组之间可以进行四则运算，运算的本质是数组与数组之间的对应位置元素的运算。另外，数组还可以和数字进行四则运算。

首先创建两个数组a和b，以下示例均用数组a和b进行运算。

```
>>>import numpy as np
>>>a = np.array([[1,2],[3,4]])
>>>b = np.array([[5,6],[7,8]])
```

数组的加法和减法运算的示例如下：

```
>>>print(a+b)
[[ 6  8]
 [10 12]]
>>> print(a-b)
[[-4 -4]
 [-4 -4]]
>>> print(a+100) # 输出数组元素加100的结果
[[101 102]
 [103 104]]
>>> print(a-100) # 输出数组元素减100的结果
[[-99 -98]
 [-97 -96]]
```

数组的乘法和除法运算的示例如下：

```
>>>print(a*10) # 输出数组元素乘以10的结果
[[10 20]
 [30 40]]
>>> print(a/10)  # 输出数组元素除以10的结果
[[0.1 0.2]
 [0.3 0.4]]
>>> print(a*b)  # 输出数组a乘以b的结果
[[ 5 12]
 [21 32]]
>>> print(a/b)  # 输出数组a除以b的结果
[[0.2        0.33333333]
 [0.42857143 0.5]]
```

通过执行结果可以发现：数组与数字相运算，就是数组的每个元素与该数字进行运算；数组与数组的四则运算则是两个数组对应位置元素的运算。

■11.3.5 数组的基本操作

NumPy提供了一些函数用于数组的基本操作，如对数组进行形状修改、排序、筛选等操作。用于数组基本操作的常用函数如表11-4所示。

表 11-4 用于数组基本操作的常用函数

函　数	描　述
reshape( )	改变数组形状
ravel( )	将数组展开为一维数组
concatenate( )	连接多个数组
resize( )	返回指定大小的新数组
delete( )	从数组中删掉指定值
sort( )	对数组进行排序
where( )	筛选出满足条件的元素的索引
extract( )	筛选出满足条件的元素

下面通过一些示例对这些函数的用法进行简单说明。

1. reshape函数

函数numpy.reshape()用于在不改变原数组元素的条件下改变数组的形状，其语法格式如下：

```
numpy.reshape(arr, newshape, order='C')
```

参数说明：

- **arr**：指定要改变形状的数组。
- **newshape**：整数或整数元组，新形状的元素总数应当与原数组的元素总数相同。
- **order**：可选参数，表示数组元素的读取顺序，该参数可设置的值为'C'（按行）、'F'（按列）、'A'（按原顺序）、'K'（按元素在内存中的出现顺序）。

例如，改变数组形状的示例，代码如下：

```
# reshapeDemo.py
import numpy as np
# 创建一个一维数组
a = np.arange(10)
print("修改前的形状：")
print(a)
# 改变数组形状，让它变成一个2行5列的二维数组
a = np.reshape(a,(2,5))
# 上面的语句也可以改为a.reshape(2,5)，二者的作用是一样的
print("修改后的形状：")
print(a)
```

程序执行结果如下：

```
修改前的形状:
[0 1 2 3 4 5 6 7 8 9]
修改后的形状:
[[0 1 2 3 4]
 [5 6 7 8 9]]
```

2. ravel函数

函数numpy.ravel()用于将数组展开为一维数组，其语法格式如下：

```
numpy.ravel(arr,order='C')
```

参数arr、order与reshape函数中的arr、order参数的含义相同，这里不再赘述。

例如，用ravel函数展开数组，示例代码如下：

```
# ravelDemo.py
import numpy as np
# 创建一个二维数组
a = np.arange(8).reshape(2,4)
print ('原数组： ')
print (a)
print ('调用 ravel 函数之后： ')
print (a.ravel())
print ('以 F 风格顺序调用 ravel 函数之后： ')
print (a.ravel(order = 'F'))
```

程序执行结果如下：

```
原数组:
[[0 1 2 3]
 [4 5 6 7]]
调用 ravel 函数之后:
[0 1 2 3 4 5 6 7]
以 F 风格顺序调用 ravel 函数之后:
[0 4 1 5 2 6 3 7]
```

3. concatenate函数

函数numpy.concatenate()用于沿指定轴连接相同形状的两个或多个数组，其语法格式如下：

```
numpy.concatenate((a1, a2, ...), axis)
```

参数说明：

- **a1, a2, ...**：相同类型的数组。
- **axis**：指定连接数组的轴，默认为0（按列拼接，即列数不变，行数增加）。axis可设置为1，此时数组是按行拼接的，即行数不变，列数增加。

例如，连接数组的示例代码如下：

```
# concatenateDemo.py
import numpy as np
a = np.array([[1,2],[3,4]])
print ('第1个数组：')
print (a)
b = np.array([[5,6],[7,8]])
print ('第2个数组：')
print (b)
# 两个数组的维度相同
print ('沿轴 0 连接两个数组：')
print (np.concatenate((a,b))) # 省略axis表示axis=0，按列拼接
print ('沿轴 1 连接两个数组：')
print (np.concatenate((a,b),axis = 1)) # axis=1表示按行拼接，即行数不变，列数增加）
```

程序执行结果如下：

```
第1个数组:
[[1 2]
 [3 4]]
第2个数组:
[[5 6]
 [7 8]]
沿轴 0 连接两个数组:
[[1 2]
 [3 4]
 [5 6]
 [7 8]]
沿轴 1 连接两个数组:
[[1 2 5 6]
 [3 4 7 8]]
```

4. resize函数

函数numpy.resize()用于指定新数组的大小。如果新数组大小大于原始大小，则包含原始数组中元素的副本。它的语法格式如下：

```
numpy.resize(arr, shape)
```

参数说明：

- **arr**：指定要修改大小的数组。
- **shape**：返回数组的新形状。

例如，使用resize函数改变数组的大小，程序代码如下：

```
# resizeDemo.py
import numpy as np
a = np.array([[1,2,3],[4,5,6]])
print ('第1个数组：')
print (a)
print ('第1个数组的形状：')
print (a.shape)
b = np.resize(a, (3,2))
print ('第2个数组：')
print (b)
print ('第2个数组的形状：')
print (b.shape)
# 要注意 a 的第1行在 b 中重复出现，因为尺寸变大了
print ('修改第2个数组的大小：')
b = np.resize(a,(3,3))
print (b)
```

程序执行结果如下：

```
第1个数组：
[[1 2 3]
 [4 5 6]]
第1个数组的形状：
(2, 3)
第2个数组：
[[1 2]
 [3 4]
 [5 6]]
第2个数组的形状：
(3, 2)
修改第2个数组的大小：
[[1 2 3]
 [4 5 6]
```

```
[1 2 3]]
```

5. delete函数

函数numpy.delete()用于删除指定位置的元素或者删除满足条件的元素。它的语法格式如下：

```
numpy.delete(arr, obj, axis)
```

参数说明：

- **arr**：指定要删除元素的数组。
- **obj**：指定要删除的元素的索引或切片。
- **axis**：指定删除元素的轴，默认为None，表示先将数组展开为一维数组，然后再删除元素。axis还可以取值为0和1，0表示按行删除，1表示按列删除。

用delete函数删除数组元素的示例代码如下：

```
# deleteDemo.py
import numpy as np
a = np.arange(12).reshape(3,4)
print ('第1个数组: ')
print (a)
print ('删除一个元素: ')
print (np.delete(a,5)) # 删除下标为5的元素
print ('删除多个元素: ')
print (np.delete(a,[0,1,2])) # 删除下标为 0、1、2 的元素
print ('删除第2行: ')
print (np.delete(a,1,axis=0))
print ('删除第3列: ')
print (np.delete(a,2,axis = 1))
print ('删除第2列 和 第3列: ')
print (np.delete(a,[1,2],axis = 1))
```

程序执行结果如下：

```
第1个数组:
[[ 0  1  2  3]
 [ 4  5  6  7]
 [ 8  9 10 11]]
删除一个元素:
[ 0  1  2  3  4  6  7  8  9 10 11]
删除多个元素:
[ 3  4  5  6  7  8  9 10 11]
```

```
删除第2行:
[[ 0  1  2  3]
 [ 8  9 10 11]]
删除第3列:
[[ 0  1  3]
 [ 4  5  7]
 [ 8  9 11]]
删除第2列 和 第3列:
[[ 0  3]
 [ 4  7]
 [ 8 11]]
```

6. sort函数

函数numpy.sort()用于返回排序后的数组副本，原数组不会被修改。它的语法格式如下：

```
numpy.sort(arr, axis, kind, order)
```

参数说明：

- **arr**：指定要排序的数组。
- **axis**：指定排序的轴向，0表示按列排序，1表示按行排序。如果没有设置，则表示先将原数组展开为一维数组，然后再排序。
- **kind**：指定排序的算法，默认为'quicksort'（快速排序）。
- **order**：如果数组中包含字段，则表示要排序的字段。

利用sort函数对数组进行排序的示例代码如下：

```
# sortDemo.py
import numpy as np
a = np.array([[2,9],[1,7]])
print ('原数组是: ')
print (a)
print ('调用 sort 函数排序: ')
print (np.sort(a))
print ('按列排序: ')
print (np.sort(a, axis =  0))
print ('\n')
# 定义一个结构化数据类型 dt
# 包含字符串字段 name，整数字段 age
dt = np.dtype([('name',  'S10'),('age',  int)])
# 将数据类型dt 应用到 ndarray 对象
a = np.array([("zhangsan",20),("lisi",20),("wangwu",19),("maliu",21)], dtype = dt)
```

```
print ('没有指定排序字段之前的原数组：')
print (a)
print ('\n')
print ('按 name字段排序之后的新数组：')
# 在 sort函数中指定排序字段：name
print (np.sort(a, order = 'name'))
```

程序执行结果如下：

```
原数组是:
[[2 9]
 [1 7]]
调用sort函数排序:
[[2 9]
 [1 7]]
按列排序:
[[1 7]
 [2 9]]

没有指定排序字段之前的原数组:
[(b'zhangsan', 20) (b'lisi', 20) (b'wangwu', 19) (b'maliu', 21)]

按name字段排序之后的新数组:
[(b'lisi', 20) (b'maliu', 21) (b'wangwu', 19) (b'zhangsan', 20)]
```

7. where函数

函数numpy.where()用于返回数组中满足给定条件的元素的索引。它的语法格式如下：

numpy.where(condition[, x, y])

参数说明：

- **condition**：指定查询条件。
- **x**：当条件为True时返回的值。
- **y**：当条件为False时返回的值。

利用where函数对数组进行操作，示例代码如下：

```
# whereDemo.py
import numpy as np
x = np.array([1,10,6,9,2,5,11,3])
print ('我们定义的一维数组是：')
print (x)
```

```
print ('一维数组中大于3的元素的索引是：')
y = np.where(x > 3)
print (y)
print ('满足条件的数组元素：')
print (x[y])
x = np.arange(0,20,2).reshape(2,5)
print ('我们定义的二维数组是：')
print (x)
# 定义筛选条件,筛选大于10且小于 16的元素
condition = np.logical_and(x > 10, x < 16)
print ('二维数组中大于10且小于16的元素的索引是：')
y = np.where(condition)
print (y)
print ('满足条件的数组元素：')
print (x[y])
```

程序执行结果如下：

```
我们定义的一维数组是:
[ 1 10  6  9  2  5 11  3]
一维数组中大于3的元素的索引是:
(array([1, 2, 3, 5, 6]),)
满足条件的数组元素:
[10  6  9  5 11]
我们定义的二维数组是:
[[ 0  2  4  6  8]
 [10 12 14 16 18]]
二维数组中大于10且小于16的元素的索引是:
(array([1, 1]), array([1, 2]))
满足条件的数组元素:
[12 14]
```

8. extract函数

函数numpy.extract()用于根据给定条件从数组中提取元素。它的语法格式如下：

```
numpy.extract(condition,arr)
```

参数说明：

- **condition**：指定从数组中提取元素的条件。
- **arr**：用于存放被提取出来的元素的数组。

利用extract函数对数组进行操作，示例代码如下：

```
# extractDemo.py
import numpy as np
x = np.arange(12).reshape(3, 4)
print ('我们的数组是: ')
print (x)
print ('选择值 > 5的元素: ')
print (np.extract(x>5, x))
# 定义筛选条件, 选择偶数元素
condition = np.mod(x,2) == 0
print ('使用条件提取偶数元素: ')
print (np.extract(condition, x))
```

程序执行结果如下：

```
我们的数组是:
[[0 1 2 3]
 [4 5 6 7]
 [8 9 10 11]]
选择值 > 5的元素:
[6 7 8 9 10 11]
使用条件提取偶数元素:
[0 2 4 6 8 10]
```

11.4 数学运算

NumPy是Python中广受欢迎的科学计算库，提供了丰富的数学函数，可以用于处理数组和矩阵中的数值数据。这些函数包括常用的数学函数（如平方根函数、三角函数等）、统计函数和线性代数函数。本节将简单介绍这些常用的函数。

11.4.1 常用数学函数

NumPy中包含了大量的数学运算函数，如绝对值函数、平方根函数和三角函数，这些函数可以对数组中的每一个元素进行计算。常用的数学函数如表11-5所示。

表 11-5 常用的数学函数

函数	描述
abs( )	计算元素的绝对值
sqrt( )	计算元素的平方根

（续表）

函　　数	描　　述
square( )	计算元素的平方
exp( )	计算以自然对数e为底的幂
log( )	计算以自然对数e为底的对数
log10( )	计算以10为底的对数
floor( )	计算小于或等于元素的最大整数
ceil( )	计算大于或等于元素的最小整数
sign( )	判断元素符号，负数返回-1，0返回0，正数返回1
sin()	计算元素的正弦值
cos()	计算元素的余弦值

常用数学函数用法的示例代码如下：

```
# mathDemo.py
import numpy as np
x = np.array([100,-100,60,90,-20])
print ('我们的数组是：')
print (x)
print ( '数组的绝对值是：')
result = np.abs(x)
print (result)
print ( '数组的平方是：')
result = np.square(x)
print (result)
print ( '数组的元素符号是：')
result = np.sign(x)
print (result)
print ( '我们的第2个数组是：')
y = np.array([0, np.pi/2, np.pi],dtype='float')
print (y)
print ( '数组的正弦值是：')
result = np.sin(y)
print (result)
print ( '数组的余弦值是：')
result = np.cos(y)
print (result)
```

程序执行结果如下：

```
我们的数组是:
[ 100 -100   60   90  -20]
数组的绝对值是:
[100 100  60  90  20]
数组的平方是:
[10000 10000  3600  8100   400]
数组的元素符号是:
[ 1 -1  1  1 -1]
我们的第2个数组是:
[0.         1.57079633 3.14159265]
数组的正弦值是:
[0.0000000e+00 1.0000000e+00 1.2246468e-16]
数组的余弦值是:
[ 1.000000e+00  6.123234e-17 -1.000000e+00]
```

11.4.2 常用统计函数

NumPy中提供了一些常用的统计函数，如实现数组的求和、求最大值、求最小值、求平均值等功能。常用的统计函数如表11-6所示。

表 11-6 常用的统计函数

函 数	描 述
max( )	求最大值
min( )	求最小值
sum( )	求和
mean( )	求平均值
std( )	求标准差
var( )	求方差

在常用统计函数中，有一个可选参数axis，用于指定在哪个轴上进行运算。如果axis=0，则表示沿着纵轴进行运算；如果axis=1，则表示沿着横轴进行运算；如果不指定axis的值，则表示对整个数组进行运算。

常用统计函数的示例代码如下：

```
# statisticsDemo.py
import numpy as np
a = np.array([[3,7,5],[8,4,3],[2,4,9]])
print ('我们的数组是：')
```

```
print (a)
print ('\n')
print ('调用 min() 函数求每一行的最小值：')
print (np.min(a,axis=1))
print ('\n')
print ('再次调用 min() 函数求每一列的最小值：')
print (np.min(a,axis=0))
print ('\n')
print ('调用 max() 函数求数组的最大值：')
print (np.max(a))
print ('\n')
print ('再次调用 max() 函数求每一列的最大值：')
print (np.max(a, axis = 0))
print ('\n')
print ('调用 sum() 函数求数组所有元素之和：')
print (np.sum(a))
print ('\n')
print ('再次调用 sum() 函数求数组每一行元素之和：')
print (np.sum(a,axis=1))
print ('\n')
print ('调用 mean() 函数求数组每一行元素的平均值：')
print (np.mean(a,axis=1))
print ('\n')
print ('调用 std() 函数计算数组的标准差：')
print (np.std(a))
print ('\n')
print ('再次调用 std() 函数计算数组每一行的标准差：')
print (np.std(a,axis=1))
print ('\n')
print ('调用 var() 函数计算数组的方差：')
print (np.var(a))
```

程序执行结果如下：

```
我们的数组是:
[[3 7 5]
 [8 4 3]
 [2 4 9]]
```

```
调用 min() 函数求每一行的最小值:
[3 3 2]

再次调用 min() 函数求每一列的最小值:
[2 4 3]

调用 max() 函数求数组的最大值:
9

再次调用 max() 函数求每一列的最大值:
[8 7 9]

调用 sum() 函数求数组所有元素之和:
45

再次调用 sum() 函数求数组每一行元素之和:
[15 15 15]

调用 mean() 函数求数组每一行元素的平均值:
[5. 5. 5.]

调用 std() 函数计算数组的标准差:
2.309401076758503

再次调用 std() 函数计算数组每一行的标准差:
[1.63299316 2.1602469  2.94392029]

调用 var() 函数计算数组的方差:
5.333333333333333
```

11.4.3 线性代数运算

在NumPy中，可以使用numpy.linalg模块来执行线性代数操作。常用的线性代数函数如下：

- **矩阵乘法：**numpy.dot(a, b)。
- **求逆矩阵：**numpy.linalg.inv(a)。
- **计算行列式：**numpy.linalg.det(a)。
- **求特征值：**numpy.linalg.eig(a)。

- **求解线性矩阵方程**：numpy.linalg.solve(a)。

下面通过具体示例说明这些函数的用法。

1. 矩阵乘法

对于两个一维数组，numpy.dot()计算的是这两个数组对应下标元素的乘积和；对于二维数组，numpy.dot()计算的是两个数组的矩阵乘积。示例代码如下：

```
# linalg_dot_Demo.py
import numpy as np
x = np.array([[1,2],[3,4]])
y = np.array([[5,6],[7,8]])
print('矩阵相乘的结果是：')
print(np.dot(x,y))
```

程序执行结果如下：

```
矩阵相乘的结果是:
[[19 22]
 [43 50]]
```

2. 求矩阵的逆矩阵

使用函数numpy.linalg.inv()求解矩阵的逆矩阵，示例代码如下：

```
# linalg_inv_Demo.py
import numpy as np
x = np.array([[1,2],[3,4]])
y = np.linalg.inv(x)
print('原矩阵是：')
print (x)
print('逆矩阵是：')
print (y)
```

程序执行结果如下：

```
原矩阵是:
[[1 2]
 [3 4]]
逆矩阵是:
[[-2.  1. ]
 [ 1.5 -0.5]]
```

3. 计算行列式

行列式作为基本的数学工具，在线性代数中有着重要的应用价值。函数numpy.linalg.det()用于计算输入矩阵的行列式。

计算矩阵行列式的示例代码如下：

```
# linalg_det_Demo.py
import numpy as np
x = np.array([[1,2],[3,4]])
print('矩阵行列式的计算结果是: ')
print(np.linalg.det(x))
```

程序执行结果如下：

```
矩阵行列式的计算结果是:
-2.0000000000000004
```

4. 求特征值和特征向量

函数numpy.linalg.eig()用于计算输入矩阵的特征值。在线性代数中，求矩阵的特征值和特征向量是常见的矩阵操作。

计算矩阵的特征值和特征向量的示例代码如下：

```
# linalg_eig_Demo.py
import numpy as np
x = np.array([[1,2],[3,4]])
print('矩阵的特征值和特征向量是: ')
print(np.linalg.eig(x))
```

程序执行结果如下：

```
矩阵的特征值和特征向量是:
EigResult(eigenvalues=array([-0.37228132,  5.37228132]),
eigenvectors=array([[-0.82456484, -0.41597356], [ 0.56576746, -0.90937671]]))
```

5. 求解线性矩阵方程

函数numpy.linalg.solve()可用于求解形如AX = b的线性方程组，其中，A为系数矩阵，X为未知数，b为右端向量。

例如，三元一次方程组

$$\begin{cases} x + y + z = 6 \\ 2y + 5z = -4 \\ 2x + 5y - z = 27 \end{cases}$$

可以使用矩阵表示为：

$$\begin{bmatrix} 1 & 1 & 1 \\ 0 & 2 & 5 \\ 2 & 5 & -1 \end{bmatrix} \begin{bmatrix} x \\ y \\ z \end{bmatrix} = \begin{bmatrix} 6 \\ -4 \\ 27 \end{bmatrix}$$

其中，最左边的矩阵是系数矩阵A，中间的矩阵就是X，右端的矩阵就是b。

求解上述方程组的示例代码如下：

```
# linalg_solve_Demo.py
import numpy as np
# 创建系数矩阵A
A = np.array([ [1, 1, 1],
              [0, 2, 5],
              [2, 5, -1]])
# 创建矩阵b
b = np.array([[6, -4, 27]])
# 求解方程组
X = np.linalg.solve(A,b)
print('输出X，即求解结果，结果如下：')
print(X)
```

程序执行结果如下：

```
输出X，即求解结果，结果如下：
[ 5.  3. -2.]
```

该结果表示上述线性方程组的解是：x=5, y=3, z=-2。

11.5 OpenCV-Python概述

OpenCV是一个开源的、功能强大且应用广泛的跨平台计算机视觉库，可以运行在Windows、Linux、macOS等操作系统上，为开发人员提供了丰富的工具和函数来处理图像和视频数据，以解决各种计算机视觉问题。

OpenCV-Python是一个用于解决计算机视觉问题的Python库，它是原生OpenCV C++实现的Python包装器，这意味着OpenCV-Python的代码在后台运行的是C++代码。OpenCV-Python库允许开发者使用Python语言来调用OpenCV的功能，从而简化了计算机视觉应用的开发过程。这个库的主要优势在于它结合了Python的易用性和C/C++的性能。具体来说，OpenCV-Python具有以下特点：

- **易用性：**Python作为一种高级编程语言，以其简洁明了的语法和丰富的库支持，使得编程变得更容易上手。OpenCV-Python继承了这一优点，使得开发者能够更快速地构建和测试计算机视觉应用。

- **性能：**虽然Python相对于C/C++在性能上有所不足，但OpenCV-Python通过将C/C++代码封装成Python包的方式，保证了代码的执行速度与原始的C/C++代码相同。这意味着，开发者在享受Python带来的开发便利的同时，也能获得接近原生代码速度的性能。
- **与NumPy和Matplotlib的集成：**OpenCV-Python广泛使用了NumPy库进行数组操作，具有高效的数值计算能力。此外，它还支持与Matplotlib等图形库集成，方便进行数据的可视化。这种集成使得OpenCV-Python在处理图像和视频数据时更加高效和便捷。
- **丰富的功能：**OpenCV-Python提供了包括图像的读取、显示、保存，以及基本的图像处理操作（如直线、圆形、矩形的绘制，文字添加等），这些功能覆盖了计算机视觉应用中常见的任务，使得开发者能够快速构建出功能丰富的应用。

综上所述，OpenCV-Python通过提供易用性和高性能的平衡，以及与NumPy和Matplotlib等库的紧密集成，成为计算机视觉领域中一个非常受欢迎的工具。

11.6 OpenCV-Python的安装

安装OpenCV-Python最简单的方法就是使用pip工具，步骤如下：

首先，打开终端（在Windows系统上是命令提示符，在macOS或Linux系统上是终端）。

其次，输入以下命令并按Enter键（以Windows系统为例说明）。

```
pip install opencv-python
```

在Windows系统上安装OpenCV-Python的过程如图11-3所示。

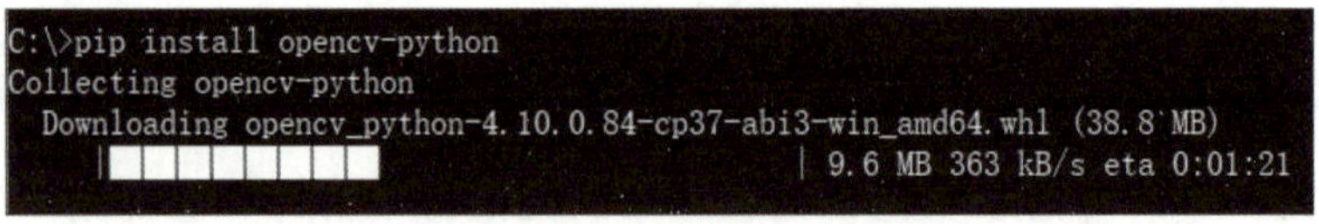

图 11-3　在 Windows 系统上安装 OpenCV-Python 模块

安装结束后，需要测试OpenCV-Python的安装是否成功。下面以Windows系统为例介绍测试方法，具体步骤如下：

首先，在命令行窗口中输入python命令并按Enter键，打开Python交互窗口。

其次，在Python交互窗口中输入以下命令并按Enter键。

```
import cv2
print(cv2.__version__)
```

在上述命令的执行过程中如果不报错，并能够正确输出版本信息，则说明OpenCV-Python安装成功，执行结果如图11-4所示。

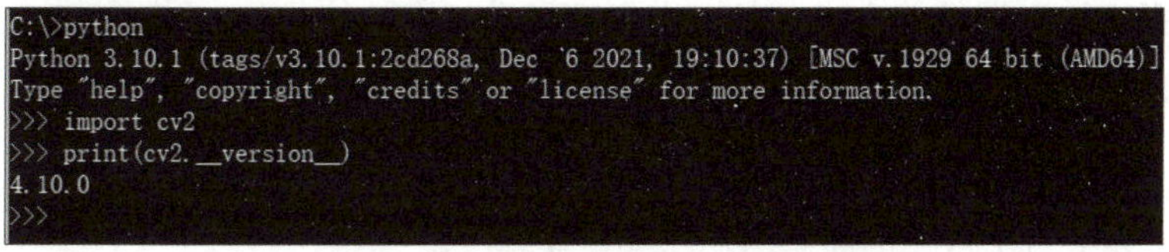

图 11-4 测试 OpenCV-Python 是否安装成功

11.7 常用图像处理函数

OpenCV-Python中常用的图像处理函数如表11-7所示。

表 11-7 常用图像处理函数

函　数	描　述
cv2.imread()	读取图像
cv2.imshow()	显示图像
cv2.imwrite()	保存图像
cv2.resize()	调整图像的大小
cv2.cvtColor()	用于转换图像的颜色空间
cv2.Canny()	使用Canny边缘检测算法检测图像边缘
cv2.findContours()	寻找图像中的轮廓
cv2.drawContours	绘制轮廓
cv2.rotate()	图像旋转
cv2.warpAffine()	仿射变换
cv2.GaussianBlur()	图像平滑

下面将通过一些具体示例来演示其中一些函数的用法。

11.7.1 图像读取、显示和保存

在OpenCV中，可以使用函数cv2.imread()读取图像，使用函数cv2.imshow()显示图像，使用函数cv2.imwrite()保存图像。

1. 函数cv2.imread()

该函数用于从指定的文件路径加载图像，并将其作为NumPy数组返回。它的语法格式如下：

```
cv2.imread(filepath, flags=cv2.IMREAD_COLOR)
```

参数说明：

- **filepath**：表示图像文件的路径。
- **flags**：指定读取图像的方式，是一个可选参数，默认值为cv2.IMREAD_COLOR，表示以彩色图像的方式进行加载。

2. 函数cv2.imshow()

该函数用于在窗口中显示图像。它的语法格式如下：

```
cv2.imshow(winname, mat)
```

参数说明：

- **winname**：表示窗口的名称，这个名称是自定义的。
- **mat**：要显示的图像，通常是一个NumPy数组，该数组是通过cv2.imread()或其他图像处理函数获得的。

3. 函数cv2.imwrite()

该函数用于将图像数据保存到文件中。它的语法格式如下：

```
cv2.imwrite(filename, img)
```

参数说明：

- **filename**：表示要保存的图像文件的路径和名称，包括文件扩展名（如.jpg、.png等）。
- **img**：要保存的图像通常是一个NumPy数组，该数组包含了图像的像素数据。

综合应用上述3个函数的示例代码如下：

```
# image_example01.py
import cv2
# 读取图像
image1 = cv2.imread('d:\openCV.jpg')
# 显示图像
cv2.imshow('Image', image1)
# 设置等待时间
cv2.waitKey(0)
# 用户按任意键，将关闭所有窗口
cv2.destroyAllWindows()
# 保存图像
cv2.imwrite( 'd:\openCV_copy.jpg', image1)
```

上述程序执行时，首先读取图像，然后显示图像，如图11-5所示。

图 11-5 显示图像

单击任意键，将关闭窗口并保存图像到指定位置，打开D盘查看保存结果，如图11-6所示。

图 11-6 保存在 D 盘的文件

■ 11.7.2 调整图像大小

在图像处理中，可以使用函数cv2.resize()来调整图像的大小，它的语法格式如下：

```
cv2.resize(src, dsize)
```

参数说明：

- **src**：指定输入图像，可以是任意大小的图像。
- **dsize**：指定输出图像的尺寸，格式为(width, height)。

示例代码如下：

```
# image_example02.py
import cv2
# 读取图像
image1 = cv2.imread('d:\openCV.jpg')
# 调整图像大小：宽度为300像素，高度为100像素
resized_image = cv2.resize(image1,(300,100))
```

```
# 显示调整大小后的图像
cv2.imshow('Resized_Image', resized_image)
# 设置等待时间
cv2.waitKey(0) # 如果等待时间设置为0，则函数将无限期地等待用户按键
# 关闭所有窗口
cv2.destroyAllWindows()
```

程序执行结果如图11-7所示。

图 11-7 调整后的图像

按下任意键，将关闭窗口。

11.7.3 转换颜色空间

计算机中的图像可以简单地理解为是由像素点构成的集合，每个像素点都保存了图像的颜色信息，任何颜色都可以由红、绿、蓝三原色混合而成，这种模式称为RGB模式。在图像处理中，经常需要将图像从一种颜色空间转换到另一种颜色空间。用函数cv2.cvtColor()可以实现颜色空间的转换，其语法格式如下：

```
cv2.cvtColor(src, code[, dst[, dstCn]])
```

参数说明：

- **src**：指定输入图像。
- **code**：颜色空间转换的代码。例如，code值设置为cv2.COLOR_BGR2GRAY表示将BGR颜色空间的图像转换为灰度图像。
- **dst**：指定输出图像，它与输入图像具有相同的大小。
- **dstCn**：输出图像的通道数。如果参数为 0，则根据src和code自动推导。

示例代码如下：

```
# image_example03.py
import cv2
# 读取图像
image1 = cv2.imread('d:\openCV.jpg')
# 将图像从BGR颜色空间的图像转换为灰度图像
gray_image = cv2.cvtColor(image1,cv2.COLOR_BGR2GRAY)
```

```
# 显示灰度图像
cv2.imshow('Gray_Image', gray_image)
# 设置等待时间
cv2.waitKey(0)
# 关闭所有窗口
cv2.destroyAllWindows()
```

程序执行结果如图11-8所示，可以发现原来的彩色图像经过转换变成了灰度图像。

图 11-8 转换后得到的灰度图像

■ 11.7.4 图像旋转

除了调整大小和颜色空间转换外，有时候还需要对图像进行旋转。OpenCV提供了函数cv2.rotate()来实现图像的旋转，其语法格式如下：

```
cv2.rotate(src, rotateCode)
```

参数说明：

- **src**：指定输入图像。
- **rotateCode**：指定旋转枚举值，cv2.ROTATE_90_CLOCKWISE表示顺时针旋转90°，cv2.ROTATE_90_COUNTERCLOCKWISE表示逆时针旋转90°，cv2.ROTATE_180表示旋转180°。

示例代码如下：

```
# image_example04.py
import cv2
# 读取图像
```

```
image1 = cv2.imread('d:\openCV.jpg')
# 将图像顺时针旋转90度
rotated_image = cv2.rotate(image1,cv2.ROTATE_90_CLOCKWISE)
# 显示旋转后的图像
cv2.imshow('Rotated_Image', rotated_image)
# 设置等待时间
cv2.waitKey(0)
# 关闭所有窗口
cv2.destroyAllWindows()
```

程序执行结果如图11-9所示，可以发现，该图像是原图像按照顺时针旋转90°的结果。

图 11-9　图像旋转的结果

11.7.5　边缘检测

边缘检测是图像处理中的重要任务之一，可以帮助识别图像中的物体边界和轮廓。OpenCV提供了多种边缘检测算法，目前应用最广泛的是函数cv2.Canny()。它的常用语法格式如下：

```
edges = cv2.Canny(image, threshold1, threshold2)
```

参数说明：

- **image**：指定输入图像，必须是灰度图像（单通道）。如果输入的是彩色图像，需要先将其转换为灰度图像。
- **threshold1**：第1个阈值，用于边缘检测的低阈值。低于此值的像素会被视为非边缘。
- **threshold2**：第2个阈值，用于边缘检测的高阈值。高于此值的像素会被视为强边缘，而介于两个阈值之间的像素只有在与强边缘相连时才会被视为边缘。

示例代码如下：

```
# image_example05.py
import cv2
# 读取图像
image1 = cv2.imread('d:\openCV.jpg')
# 将图像转换为灰度图像
gray_image = cv2.cvtColor(image1,cv2.COLOR_BGR2GRAY)
# 使用Canny边缘检测算法检测边缘
edges = cv2.Canny(gray_image,100,200)
# 显示边缘检测结果
cv2.imshow('Edges',edges)
# 设置等待时间
cv2.waitKey(0)
# 关闭所有窗口
cv2.destroyAllWindows()
```

程序执行结果如图11-10所示。

图 11-10　图像边缘检测

■ 11.7.6　图像轮廓的检测和绘制

在图像处理和计算机视觉中，常常需要检测和绘制图像中的轮廓。OpenCV提供了函数cv2.findContours()来检测图像中的轮廓，它的语法格式如下：

```
contours, hierarchy = cv2.findContours(image, mode, method)
```

其中，contours是检测到的轮廓列表，hierarchy是轮廓之间的层次关系。

参数说明：

- **image**： 指定输入图像，必须是二值图像（通常为单通道图像，如灰度图）。
- **mode**：指定轮廓检索模式，决定如何检索轮廓。
- **method**：指定轮廓逼近方法，决定轮廓的形状如何被逼近。

OpenCV提供了函数cv2.drawContours()来绘制图像轮廓，它的语法格式如下：

```
image=cv2.drawContours(image, contours, contourIdx, color)
```

参数说明：

- **image**： 指定输入 / 输出图像，轮廓将绘制在这张图像上。
- **contours**：检测到的轮廓列表，通常是由cv2.findContours()返回的。
- **contourIdx**：指定要绘制的轮廓的索引。如果为负数（例如 -1），则绘制所有轮廓。
- **color**：指定轮廓的颜色。对于灰度图，它是一个 [灰度值] 的列表；对于彩色图，它是一个 [B, G, R] 的列表，每个值的范围是 [0, 255]。

示例代码如下：

```
# image_example06.py
import cv2
# 读取图像
image1 = cv2.imread('d:\openCV.jpg')
# 将图像转换为灰度图像
gray_image = cv2.cvtColor(image1,cv2.COLOR_BGR2GRAY)
# 使用Canny边缘检测算法检测边缘
edges = cv2.Canny(gray_image,100,200)
# 寻找图像中的轮廓
contours,hierarchy
= cv2.findContours(edges,cv2.RETR_EXTERNAL,cv2.CHAIN_APPROX_SIMPLE)
# 绘制轮廓
contour_image = cv2.drawContours(image1.copy(),contours,-1,(0,255,0),2)
# 显示轮廓
cv2.imshow('Contours',contour_image)
# 设置等待时间
cv2.waitKey(0)
# 关闭所有窗口
cv2.destroyAllWindows()
```

程序执行结果如图11-11所示。

图 11-11 图像轮廓

注意：当使用函数cv2.findContours()检测图像轮廓时，图像必须是灰度图像，否则无法进行。这是该函数执行的必要条件。

11.8 OpenCV+NumPy综合实例

OpenCV的很多操作都依赖于NumPy模块，如创建纯色图像、创建掩膜和创建卷积核等。下面将通过一些实例演示OpenCV + NumPy的综合应用。

1. 创建纯黑图像

实际上，黑白图像是由一个二维数组表示的，彩色图像是由一个三维数组表示的，数组中的每个元素就是图像对应位置的像素值。因此，创建或修改图像像素的操作实际上就是修改数组的操作。

纯黑图像的每一个像素在二维数组中都是用[0,0]表示，创建纯黑图像的示例代码如下：

```
# image_example07.py
# 创建一个100行、200列的数组，并用0填充，再将该数组当作图像显示出来
import cv2
import numpy as np
width = 200  # 图像的宽
height = 100 # 图像的高
# 创建指定宽和高、单通道、像素值都为0的图像
image = np.zeros((height,width),np.uint8)
# 显示图像
cv2.imshow('Image', image)
# 设置等待时间
```

```
cv2.waitKey(0)
# 关闭所有窗口
cv2.destroyAllWindows()
```

程序执行结果如图11-12所示。

图 11-12　纯黑图像

2. 创建纯白图像

纯白图像中的每一个像素在二维数组中都是用[255,255]表示。创建纯白图像有两种方式：一是先创建纯黑图像，然后将图像中所有的像素值改为255；二是使用NumPy的ones()方法创建一个像素值均为1的数组，然后让数组乘以255，再将数组以图像方式输出。示例代码如下：

```
# image_example08.py
# 创建一个纯白图像
import cv2
import numpy as np
width = 200  # 图像的宽
height = 100 # 图像的高
# 创建指定宽和高、单通道、像素值都为1的数组，然后乘以255
image = np.ones((height,width),np.uint8)*255
# 显示图像
cv2.imshow('Image', image)
# 设置等待时间
cv2.waitKey(0)
# 关闭所有窗口
cv2.destroyAllWindows()
```

程序执行结果如图11-13所示。

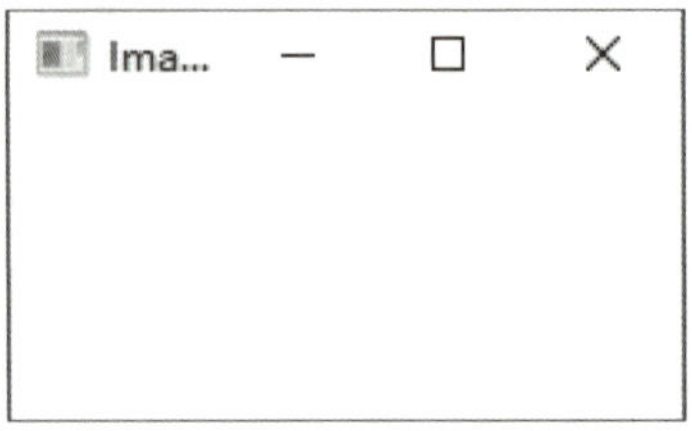

图 11-13　纯白图像

3. 在黑色图像内部绘制白色矩形

通过切片式索引操作可以修改图像中指定区域内的像素，从而达到修改图像内容的效果。示例代码如下：

```
# image_example09.py
'''
先绘制纯黑图像作为背景，
然后使用切片式索引操作，将图像中横坐标为50～100、
纵坐标为25～75的矩形区域颜色改为纯白色
'''
import cv2
import numpy as np
width = 200  # 图像的宽
height = 100 # 图像的高
# 创建指定宽和高、单通道、像素值都为0的图像
image = np.zeros((height,width),np.uint8)

# 纵坐标为25～75、横坐标为50～100之间的区域变为白色
image[25:75, 50:100] = 255

# 显示图像
cv2.imshow('Image', image)
# 设置等待时间
cv2.waitKey(0)
# 关闭所有窗口
cv2.destroyAllWindows()
```

程序执行结果如图11-14所示。

图 11-14　纯黑色图像内部绘制白色矩形

4. 创建黑白相间的图像

先绘制纯黑图像作为背景，然后在循环中使用切片式索引操作绘制黑白间隔图像，示例代码如下：

```
# image_example10.py
import cv2
import numpy as np
width = 200  # 图像的宽
height = 100 # 图像的高
# 创建指定宽和高、单通道、像素值都为0的图像
image = np.zeros((height,width),np.uint8)

# 在循环中使用切片式索引操作绘制黑白间隔图像
for i in range(0,width,40):
    image[0: height,  i : i+20] = 255  #白色区域的宽度为20像素

# 显示图像
cv2.imshow('Image', image)
# 设置等待时间
cv2.waitKey(0)
# 关闭所有窗口
cv2.destroyAllWindows()
```

程序执行结果如图11-15所示。

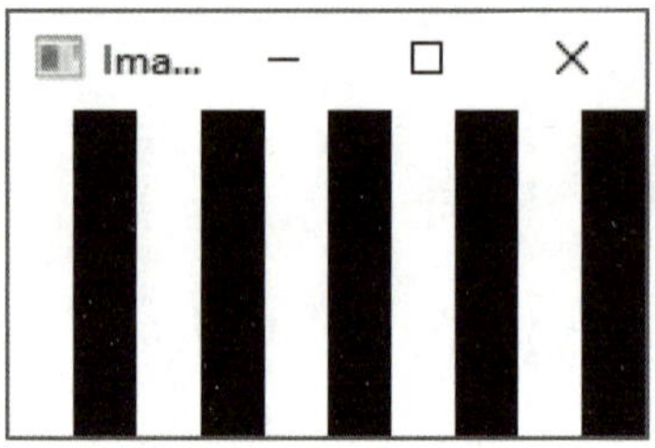

图 11-15　黑白相间图像

5. 创建彩色图像

OpenCV中的彩色图像默认为BGR格式，彩色图像的第3个索引表示的就是蓝绿红3种颜色的分量。创建彩色图像数组时要将数组创建成三维数组，然后复制出3个副本，3个副本分别修改最后一个索引代表的元素值，索引0表示蓝色分量，索引1表示绿色分量，索引2表示红色分量。示例代码如下：

```
# image_example11.py
import cv2
import numpy as np
width = 200  # 图像的宽
height = 100 # 图像的高
```

```
# 创建指定宽和高、3通道、像素值都为0的图像
image = np.zeros((height,width,3),np.uint8)
blue = image.copy()  # 复制图像
green = image.copy()  # 复制图像
red = image.copy()   # 复制图像
blue[: , : , 0] = 255   # 1通道所有像素都为255
green[: , : , 1] = 255   # 2通道所有像素都为255
red[: , : , 2] = 255    # 3通道所有像素都为255

# 显示图像
cv2.imshow('blue', blue)
cv2.imshow('green', green)
cv2.imshow('red', red)
# 设置等待时间
cv2.waitKey(0)
# 关闭所有窗口
cv2.destroyAllWindows()
```

程序执行结果如图11-16所示。

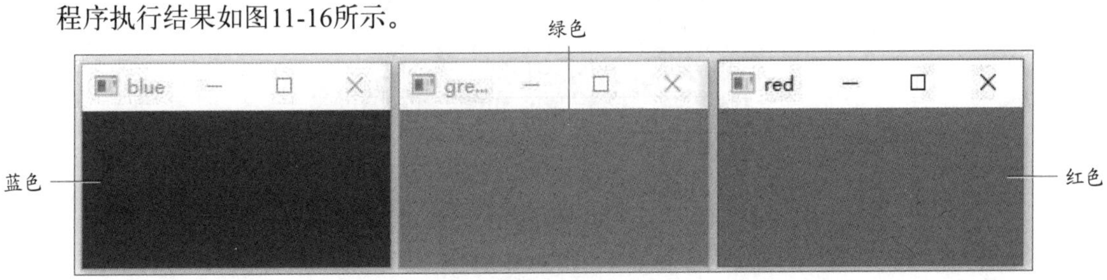

图 11-16 彩色图像

6. 创建随机图像

随机图像指的是图像中每一个像素值都是随机生成的，因为像素之间不会组成有效的视觉信息，所以看上去杂乱无章，但是可以作为噪声和图像加密的密匙使用。示例代码如下：

```
# image_example12.py
import cv2
import numpy as np
width = 300  # 图像的宽
height = 150  # 图像的高
# 创建指定宽和高、单通道、像素值为随机数的黑白图像
image = np.random.randint(256, size=(height,width), dtype = np.uint8)
# 创建指定宽和高、3通道、像素值为随机数的彩色图像
# image = np.random.randint(256, size=(height,width,3), dtype = np.uint8)
```

```
# 显示图像
cv2.imshow('Image', image)
# 设置等待时间
cv2.waitKey(0)
# 关闭所有窗口
cv2.destroyAllWindows()
```

程序执行结果如图11-17所示。

图 11-17　随机黑白图像

上面示例演示的是黑白图像，如果创建的是三维数组（将程序中第2个image前面的'#'移至第1个image语句的前面），就可以获得随机彩色图像，如图11-18所示。

图 11-18　随机彩色图像

7. 拼接图像

NumPy提供了两种拼接数组的方法，一种是使用函数hstack(tup)对数组进行水平拼接，另一种是使用函数vstack(tup)对数组进行垂直拼接。参数tup是要拼接的数组序列，通常是一个元组或列表，其中每个元素都是一个数组。这些数组必须具有相同的形状。

在OpenCV中，图像是由二维或三维数组表示的，可以先对这些数组进行拼接，进而实现图像的拼接。示例代码如下：

```
# image_example13.py
import cv2
import numpy as np
# 读取原始图像
img = cv2.imread('d:\openCV.jpg')
# 水平拼接图像
img_h = np.hstack((img,img))
```

```
#垂直拼接图像
img_v = np.vstack((img,img))

#显示图像
cv2.imshow('img_h', img_h)
cv2.imshow('img_v', img_v )
# 设置等待时间
cv2.waitKey(0)
#关闭所有窗口
cv2.destroyAllWindows()
```


程序执行结果如图11-19和图11-20所示。

图 11-19 水平拼接图像

图 11-20 垂直拼接图像

总之，通过合理运用上面介绍的图像处理方法和技巧，可以实现各种图像处理任务，为图像分析、图像检测等领域的应用提供有力支持。

课后作业

练习1：编写程序，创建一个5行5列的二维数组，然后对其进行切片操作，要求切片中包含该数组右上角的3行3列元素。

练习2：编写程序，创建一个黑白相间的图像并输出。

练习3：编写程序，将图像顺时针旋转180°。

练习4：编写程序，对两个图像进行水平拼接。

附录 课后作业参考答案

第1章

略

第2章

略

第3章

练习1

```
str = "abcdefgh"
substring = str[2:6] #注意切片是左闭右开的区间
print(substring) # 输出: cdef
```

练习2

```
str = "Hello, Python is a great programming
language."
substr = "Python"
position = str.find(substr)
print(position) # 输出: 6
```

练习3

```
str = "apple,banana,cherry"
list_of_fruits = str.split(",")
print(list_of_fruits) # 输出: ['apple', 'banana',
'cherry']
```

练习4

```
s = "hello world"
result = ''.join(dict.fromkeys(s)) #''是两个单引号
print(result) # 输出可能是helo wrd，注意去重
后字符顺序可能变化
```

第4章

练习1

```
# 获取键盘输入的整数
num = int(input("请输入一个整数: "))
# 判断该整数是否能被7整除
if num % 7 == 0:
   print("输入的整数能被7整除。")
else:
   print("输入的整数不能被7整除。")
```

练习2

```
score = input("请输入成绩: ")
score = int(score)
if (0 <= score <= 100):
   print("成绩输入正确。")
   if int(score) >= 60:
      print("成绩及格。")
   else:
      print("成绩不及格。")
else:
      print("输入错误，输入的成绩不在0至100
之间！")
```

练习3

```
profit = float(input('请输入当月利润（万
元）：'))
if profit <= 10:
   # 若利润不超过10万元，则奖金提成10%
   bonus = profit * 0.1
elif profit < 20:
   bonus = 10*0.1 + (profit-10)*0.075
elif profit < 40:
   bonus = 10*0.1 + 10*0.075 + (profit-
20)*0.05
elif profit < 60:
   bonus =  10*0.1 + 10*0.075 + 20*0.05 +
(profit-
40)*0.03
elif profit < 100:
   bonus =  10*0.1 + 10*0.075 + 20*0.05 + 20*
0.03 + (profit-60)*0.015
else:
   bonus =  10*0.1 + 10*0.075 + 20*0.05 + 20*
0.03 + 40*0.015+ (profit-100)*0.01
print(bonus)
```

第5章

练习1

```
import random
lis=[]
for i in range(1,6):
   stu=input("请输入第%d个学生姓名： "% i)
   lis.append(stu)
print("学生名单如下： ")
for ast in lis:
   print(ast,end='\t')
```

```
print('\n今天轮到%s值日'%(random.choice(lis)))
```

练习2

```
x = input('Please input a list:')
x = eval(x)
start, end = eval(input('Please input the start position and the end position:'))
print(x[start:end])
```

练习3

```
import random
x = [random.randint(0,100) for i in range(1000)]
d = set(x)
for v in d:
    print(v, ':', x.count(v))
```

练习4

```
d = {1:'a', 2:'b', 3:'c', 4:'d'}
v = input('Please input a key:')
v = eval(v)
print(d.get(v,'您输入的键不存在'))
```

第6章

练习1

```
def judgephone(phonenum):
    if phonenum.isdigit():
        if len(phonenum) == 11:
            print("输入的手机号合法！")
        else:
            print("输入的手机号位数有误！")
    else:
        print("输入的手机号含有非法字符！")
inputstr = input("请输入11位手机号：")
judgephone(inputstr)
```

练习2

```
def add(start,end):
    num = range(start,end)
    lenall = len(num)
    sumall = sum(num)
    print("数字个数：",lenall)
    print("数字之和：",sumall)
print(add(20,37))
```

练习3

```
def test(score):
    if score>=90:
        msg = "成绩优秀！"
    elif score>=75:
        msg = "成绩良好！"
    elif score >= 60:
        msg = "成绩及格！"
    else:
        msg = "成绩不及格！"
    return msg
print(test(int(input("请输入你的考试成绩："))))
```

练习4

```
def card(idcard):
    if idcard[:17].isdigit() and len(idcard) ==18:
        print('你的生日是：'+idcard[6:10]+'年'+idcard[10:12]+'月'+idcard[12:14]+'日')
        gender = '女' if int(idcard[16])%2 == 0 else '男'
        print('你的性别是：'+gender)
    else:
        print("身份证号输入错误，请重新输入！")
instr = input("请输入您的身份证号：\n")
card(instr)
```

第7章

略

第8章

练习1

```
class Dog:
    def __init__(self, name, age, breed):
        self.name = name
        self.age = age
        self.breed = breed
    def bark(self):
        return "Woof! Woof!"
    def __str__(self):
        return f"Dog(name={self.name}, age={self.age}, breed={self.breed})"

# 使用示例
my_dog = Dog("Buddy", 3, "Golden Retriever")
print(my_dog.bark()) # 输出：Woof! Woof!
print(my_dog) # 输出：Dog(name=Buddy, age=3, breed=Golden Retriever)
```

练习2

```
class Rectangle:
    def __init__(self, width, height):
        self.width = width
        self.height = height
    def area(self):
        return self.width * self.height
    def perimeter(self):
        return 2 * (self.width + self.height)

# 使用示例
my_rectangle = Rectangle(5, 10)
print(my_rectangle.area()) # 输出：50
print(my_rectangle.perimeter()) # 输出：30
```

练习3

```
class BankAccount:
    def __init__(self, account_number, balance=0):
        self.account_number = account_number
        self.balance = balance
    def deposit(self, amount):
        if amount > 0:
            self.balance += amount
            return True
        else:
            return False
    def withdraw(self, amount):
        if amount > 0 and amount <= self.balance:
            self.balance -= amount
            return True
        else:
            return False
    def __str__(self):
        return f"Account({self.account_number}, 
Balance={self.balance})"

# 使用示例
my_account = BankAccount("1234567890", 
1000)
print(my_account.deposit(500)) # 输出：True
print(my_account.withdraw(300)) # 输出：True
print(my_account) #输出：Account(1234567890, 
Balance=1200)
```

练习4

```
class Student:
    def __init__(self, name, age, score):
        self.name = name
        self.age = age
        self.score = score
    def study(self):
        print(f"{self.name}正在学习")
    def get_info(self):
        return f"姓名：{self.name}，年龄：{self.
age}，成绩：{self.score}"

# 使用示例
student = Student("张三", 18, 90)
student.study() # 输出：张三正在学习
print(student.get_info()) # 输出：姓名：张三，
年龄：18，成绩：90
```

■第9章

练习1

```
list1=[]
file = open(r"E:\test1.txt")
for line in file.readlines():
    print(line)
    line = line.strip('\n')
    line = line.rstrip()
    a = line.split()
list1.append(a)
```

练习2

```
import os
path = input("请输入要获取文件夹列表的目
录：")
with open('folder.txt','w') as file:
    if path!='' and os.path.exists(path):
        dirs = list(os.walk(path))
        folder = dirs[0][1]
        file.write(dirs[0][0]+'包含如下文件夹：\n')
        for item in folder:
            file.write(item+'\n')
```

练习3

```
txt = input("请输入需要去重的字符串：")
def delete_duplication(str):
    result_str=''
    for char in str:
        if not char in result_str:
            result_str +=char
    return result_str
result_txt = delete_duplication(txt)
f = open('word.txt','w')
f.write(result_txt)
f.close()
```

练习4

```
import os
import os.path
for root,dirs,files in os.walk("."):
    for file in files:
        new = os.path.splitext(file)
        if new[1] == ".gif":
            print(file)
```

第10章

练习1

```
^[^\d]*$
```

练习2

```
\(\d{3}\) \d{3}-\d{4}|\d{3}-\d{3}-\d{4}
```

练习3

```
^[1-9]\d{5}(18|19|20)\d{2}((0[1-9])|(10|11|12))
(([0-2][1-9])|10|20|30|31)\d{3}[\dXx]$
```

练习4

```
import re
x = input('Please input a string:')
pattern = re.compile(r'\b[a-zA-Z]{3}\b')
print(pattern.findall(x))
```

第11章

练习1

```
import numpy as np
#创建一个5行5列的二维数组
array = np.array([[1,2,3,2,5],
                  [3,4,5,1,1],
                  [4,5,6,8,2],
                  [1,2,9,7,2],
                  [4,3,6,9,1]])

print("原始数组")
print(array)
print("数组的右上部分的3行3列")
print(array [0:3,2:5])
```

练习2

```
# image_example10.py
import cv2
import numpy as np
width = 200  # 图像的宽
height = 100 # 图像的高
# 创建指定宽和高、单通道、像素值都为0的
图像
image = np.zeros((height,width),np.uint8)
# 在循环中使用切片式索引操作绘制黑白间隔
图像
for i in range(0,width,40):
    image[0: height,  i : i+20] = 255  #白色区域的
宽度为20像素
# 显示图像
cv2.imshow('Image', image)
# 设置等待时间
cv2.waitKey(0)
# 关闭所有窗口
cv2.destroyAllWindows()
```

练习3

```
import cv2
# 读取图像
image1 = cv2.imread('d:\openCV.jpg') # 假设图
片保存在D盘
# 将图像旋转180度
rotated_image = cv2.rotate(image1,cv2.
ROTATE_180_CLOCKWISE)
# 显示旋转后的图像
cv2.imshow('Rotated_Image', rotated_image)
# 设置等待时间
cv2.waitKey(0)
# 关闭所有窗口
cv2.destroyAllWindows()
```

练习4

```
import cv2
import numpy as np
# 读取原始图像
img = cv2.imread('d:\openCV.jpg')  # 假设图片
保存在D盘
# 水平拼接图像
img_h = np.hstack((img,img))
# 显示图像
cv2.imshow('img_h', img_h)
# 设置等待时间
cv2.waitKey(0)
# 关闭所有窗口
cv2.destroyAllWindows()
```

参考文献

[1] 翟文正. Python程序设计基础 [M]. 北京: 机械工业出版社, 2024.

[2] 钟雪灵, 李立. Python程序设计基础 [M]. 2版. 北京: 电子工业出版社, 2024.

[3] 宁爱军, 何志永. Python语言程序设计: 微课版 [M]. 北京: 人民邮电出版社, 2024.

[4] 吕鉴涛. 数据可视化Python编程实践 [M]. 北京: 人民邮电出版社, 2024.

[5] 明日科技. Python从入门到精通 [M]. 3版. 北京: 清华大学出版社, 2023.

[6] 董付国. Python程序设计基础: 微课版・公共课版・在线学习软件版 [M]. 3版. 北京: 清华大学出版社, 2023.